YINSE
RANLIAO
GONGNENGHUA
YANJIU

隐色染料
功能化研究

张 俊　董 川　著

U0216672

化学工业出版社
·北京·

隐色染料的特征是能够与显色剂反应得到多种颜色的配合物。在对分子结构和显色机理深入分析的基础上，本书用紫外、荧光等多种方法系统研究了隐色染料的显色反应，对隐色染料在热敏染料微胶囊、书写印刷、教学教具等领域的应用，以及利用隐色染料研制可褪色书写墨水和环保型水性油墨等进行了深入探索。

图书在版编目（CIP）数据

隐色染料功能化研究 / 张俊，董川著. —北京：
化学工业出版社，2018.12
ISBN 978-7-122-33095-6

Ⅰ.①隐⋯　Ⅱ.①张⋯　②董⋯　Ⅲ.①显色剂-
研究　Ⅳ.①TS193.2

中国版本图书馆 CIP 数据核字（2018）第 221333 号

责任编辑：李晓红　　　　　　　　　　　装帧设计：王晓宇
责任校对：边　涛

出版发行：化学工业出版社（北京市东城区青年湖南街 13 号　邮政编码 100011）
印　　装：河北鹏润印刷有限公司
710mm×1000mm　1/16　印张 10½　字数 218 千字　2019 年 1 月北京第 1 版第 1 次印刷

购书咨询：010-64518888　　售后服务：010-64518899
网　　址：http://www.cip.com.cn
凡购买本书，如有缺损质量问题，本社销售中心负责调换。

定　　价：58.00 元　　　　　　　　　　　　　　版权所有　违者必究

前言
Preface

近年来，随着染料行业的发展，很多功能性染料、环保染料进入人们的视野，对具有各种特殊功能染料的需求日益增多。而另一方面，染料的用途也不仅仅局限于纺织物的染色和印花，它在涂料、塑料、食品、光电通信等方面的应用也日益增多。在这些功能应用中，荧光、红外吸收和伪装、光敏、热敏等类型的功能染料的研究较为热点，使得功能染料广泛地应用于信息、电子、生物、医药和军事等领域。

隐色染料不仅广泛用于压/热敏纸的制造，而且正成为生物医药科学、分析化学等领域中最常用的荧光染料。通过光、电、磁、热、化学、生化等作用使染料具有的特定功能是染料功能化研究的重点。目前，隐色染料的研究已成为功能染料领域的学术前沿和重大需求，隐色染料的功能化对我国工业现代化的发展起着越来越重要的作用。

但在众多的应用领域中，具有环保降解功能的染料下游产业比较鲜见。开发染料在环保降解功能方面的应用，对于染料的应用多元化及可循环使用方面都具有重要意义。将隐色染料应用于印刷业，具有时效性的印刷品可采用化学降解方法使印刷品上的色迹褪去，褪色后的纸浆可继续用于造纸和印刷，大大减少了树木的砍伐，促进了森林的保护。并且具有此种功能的染料本身成本较低，如将其应用于书写液，将会带来非常大的环保效益和经济效益。

本书系统研究了隐色染料的显色反应及分子结构变化机理，拓宽了传统显色剂的选择范围；研究了热敏变色染料微胶囊化；将筛选出的隐色染料用于配制教学白板笔墨水，拓展了隐色染料的应用领域；将合成的隐色染料应用于水性油墨，制备可在简单条件下褪色的水性油墨，提出了废纸脱墨的新思路。总之，希望本书的出版能为支撑我国染料行业创新发展、把我国建成染料学术强国和工业强国做出贡献。

本书分成 7 章。第 1 章概述了功能染料、隐色染料概念分类及特点。第 2 章研究了一类重要的苯酞类隐色染料的显色反应，包括其显色强度、影响因素等。第 3

章对使用最广泛的荧烷染料的显色反应和光谱性质进行了研究，用紫外和荧光技术表征了荧烷染料的显色。第 4 章研究了苯酞染料微胶囊化，获得了一种具有温度指示功能的退热贴。第 5 章研究了隐色染料应用于印章印油和固体书写笔。第 6 章和第 7 章分别研究了用隐色染料研制的可褪色易擦除的书写墨水和环保型水性油墨。

隐色染料的功能化是一个较新的课题，研究涉及的领域广泛。本书只能着重阐述有限的几类隐色染料的功能化探索，遗漏与不妥之处在所难免，恳请读者批评指正。

感谢课题组全体教师和研究生多年来在隐色染料的研究方面做出的坚持不懈的努力，感谢国家自然科学基金委员会和山西省自然科学基金委员会等单位对我们开展隐色染料研究工作给予的支持和帮助。

张 俊 董 川

2018 年 10 月于山西大学

目录

Contents

第 **1** 章

绪论

1

第 **2** 章

苯酞染料的显色反应

22

第 3 章

荧烷染料的显色反应

41 —————

第 **4** 章

热敏染料微胶囊化研究

78 ————

第 **5** 章
隐色染料书写材料

111 ────────────

第 **6** 章

隐色染料可擦墨水

132

第 **7** 章

隐色染料油墨

148

第 **1** 章　绪论

1.1　功能性染料

传统染料利用了有机染料能够在光照下产生各种颜色的特性，已应用于纺织品和非纺织品的着色。随着现代科技的迅速发展，有机染料以其独特的化学性质、光吸收性质和光发射性质，突破了传统意义上的使用范围，越来越广泛地应用于诸如信息产业、液晶显示、办公室自动化设备耗材等高新技术领域。这种具有特殊应用的有机染料被称作功能性染料。

在光照条件下，功能性染料会发生一定的物理和化学变化从而使其具有特殊的功能[1]。其特殊性（功能性）主要表现为光导电性、光吸收和光发射性（如红外吸收、荧光、磷光和激光）、可逆变化性（如热、光会使其产生可逆变化）以及生物和化学活性等。目前，功能性染料已被广泛地应用于压/热敏记录、光盘记录、光化学催化、能量转换与储存、生物医学和光化学治疗等高新技术领域。

功能性染料按其用途分为液晶显示用染料、激光染料、压敏染料、热敏染料、感光有机物、太阳能捕集染料、光记录材料用染料、红外染料以及医用染料等[2]。其中，压/热敏染料是功能性染料的一个重要种类，可用于压/热敏纸的生产。在人们的日常生活中，如仪器记录、发票、账单、标签等方面都需大量使用压/热敏纸。随着情报和信息传递的变革、办公室自动化程度的不断提高，以及计算机、传真机、打印机的大范围普及，人们对压/热敏染料的需求也在不断增长。

我国生产的压敏纸所用的原料（包括压敏染料）大部分依赖进口，因而成本高，在国际市场上缺乏竞争力[3]。近年来，随着情报业和印刷业的飞速发展，信息化程度正逐渐提高，我国对热/压敏染料的需求量迅速增长。但国内对荧烷类染料的研究工作起步较晚，某种意义上应用受到限制。因此提高我国染料品种的质量，自主研发新型荧烷类染料将是我国染料工业发展中值得关注的问题。

1.2　隐色染料

隐色体是指一些变色染料的无色形式。隐色染料在压力、温度或酸作用下产生颜色，当这些物理化学条件发生改变时，产生的颜色能够褪去。隐色染料主要用于制造传真纸、无碳复写纸等，是一种重要的功能材料。隐色染料的重要特征是染料颜色的变化，发色、褪色可以通过多种条件实现，因此可将隐色体应用于诸多高科技领域[4]。

隐色染料的变色机理是：通过控制化学和物理条件使染料的 π-共轭体系扩展，分子在可见光区产生吸收，染料由无色转换为鲜艳的颜色。这类 π-共轭体系具有易反应性，尤其容易发生还原、氧化和水解反应。当 π-共轭被中断时，会发生从有色到无色型体的转换。

有色型体的隐色染料寿命可能从 1ms 到几天甚至几个月。大部分隐色染料的显色形式不是很稳定，目前的应用仅局限于打印、成像等方面。但研究显示，隐色染料正在越来越广泛地应用在分析和生物学方面[5]。

隐色染料显色体系由发色剂（或称呈色剂）和显色剂以及介质（或溶剂）构成。常用的发色剂有结晶紫内酯、热敏绿、绿色素等，在反应中作为电子给体；常用的显色剂有酸性白土、双酚 A 等。例如结晶紫内酯为隐色染料，双酚A 为显色剂的变色体系。当升到一定温度后，双酚 A 放出质子，结晶紫内酯环打开显色。

目前使用广泛的隐色染料主要有七类[6]，分别介绍如下：

（1）**苯酞染料**　该类染料作为发色剂在压敏材料复写纸和热敏记录纸上使用广泛。代表化合物为 3,3-双(4-二甲氨基苯基)-6-二甲氨基苯酞，通常称为结晶紫内酯（CVL）。CVL 是世界上产量最大、最有代表性的压/热敏染料之一。由于无碳复写纸的使用，CVL 成为应用最广泛的苯酞型显影剂[7]。CVL 发色呈鲜艳的蓝色，是常见的印蓝纸的主要着色剂，其使用历史最久，用量巨大，许多发色性质更佳的同系物或衍生物不断产生，推动了这类隐色染料的广泛使用。

（2）**荧烷染料**　荧烷类作为第三代压/热敏染料，被认为是最有发展前途的隐色染料。可以在荧烷类染料母环上连接不同类型的基团，从而生成各种颜色的荧烷。荧烷类化合物具有在显色反应中发色灵敏、强度高、稳定性好的特点，是使用最多的隐色染料。此类化合物主要应用在压/热敏记录纸上，有关这些化合物的专利报道很多。目前使用量最大的一种荧烷类染料是 ODB-1，可单独产生黑色。

（3）**三芳甲烷类染料** 三芳甲烷类染料的应用价值较高，这类染料大部分用于制造各种复写纸。芳基甲烷染料是甲烷分子中两个或三个氢被苯或萘基取代而形成的一类染料，其中主要为三芳甲烷染料。三芳甲烷染料染色能力强、色彩鲜艳。但其耐光度差，遇酸、碱易变色，在纺织品染色中受到限制，一般用于油漆、印刷等方面。三芳甲烷染料较古老，按结构分为氨基、羟基和磺酸基三芳甲烷染料。用于制造纯蓝墨水和蓝黑墨水的酸性墨水蓝 G 就属于该类染料。

（4）**吩嗪、噻嗪及噁嗪类** 这一类染料的发现让原有染料领域的颜色和色调有了更宽的范围，并且对荧烷类、芳甲烷类等染料类型进行了扩展，压/热敏无碳复写纸领域的进展也被推向了新的高度。

（5）**醌类** 目前对醌类隐色体的研究较少，对此类化合物的研究主要集中在颜料以及染料领域。醌类隐色体最广泛的应用领域为纤维染色。

（6）**四氮唑盐类** 四氮唑盐类隐色体是一类非常重要且特殊的隐色染料。大部分四氮唑盐类染料在水中的溶解度较低，然而由于其在酸中稳定、碱中活泼，因此此类染料可被用于对某些金属离子以及还原剂的检测。此外，也可用于生物医学或纺织品染色等方面。

（7）**螺环吡喃类** 螺环吡喃是一种分子中至少两个环共享一个碳原子的多环化合物。其碳氧键的异裂会导致两个杂环发生共轭，促使异构体形成共轭延伸，进而使其产生可见吸收。该类化合物被广泛用在光学储存及装饰材料等领域。

本书主要基于荧烷、苯酞研究的 8 种隐色染料见表 1.1。

表 1.1　本书研究的 8 种隐色染料

简称	全　称	CAS号
ODB-1	2-苯氨基-3-甲基-6-二乙氨基荧烷	29512-49-0
ODB-2	2-苯氨基-3-甲基-6-二丁氨基荧烷	89331-94-2
Black-15[①]	3-二乙基-6-甲基-7-(2,4-二苯氨基)荧烷	36431-22-8
CK-5	2′-(二苄基氨基)-6′-二乙氨基荧烷	34372-72-0
CK-7	9′-(2-甲基苯氨基)苯并荧烷	32228-54-9
CK-16	2-氯-6′二乙氨基螺[异苯并呋喃-1,9′-氧化蒽]-3-酮	50292-95-0
CK-37	N,N-二甲基-4-[2-[2-(正辛氧基)苯基]-6-苯基-4-吡啶基]苯胺	144190-25-0
CVL-S	3-(4-二甲氨基苯基)-3-(4-甲乙氨基苯基)-6-二甲氨基苯酞	1552-42-7

① 又称 B-15。

1.3 物质的颜色

物质的颜色是人的一种生理感觉。颜色不仅与物质分子本身的结构、表面性质有关，而且还与照射光的性质有关。颜色的产生是特定波长的光和具有一定结构的物质分子综合作用的结果。

无机颜料中涉及的分子轨道中电子的跃迁是产生颜色的首要原因。分子内的光吸收使电子从成键轨道跃迁到反键轨道。分子内适当的结构特征能降低这种跃迁所必需的能量差异，以使其适合在可见光区域，这些都会导致化合物产生颜色。电荷的转移也使物质产生颜色，如蓝宝石和一些蓝颜料。

光的折射（彩虹、棱镜光谱颜色）、散射（天空的蓝色、蝴蝶、拉曼效应等）、干涉（水中浮油、肥皂泡等）和衍射（光栅、液晶等）等也可以产生不同的颜色。

各种颜色的光经过物体表面的吸收反射后，到达人的眼睛，刺激视觉神经产生视觉。在可见光范围内，不同波长的光有不同的颜色感觉。如 700nm 波长的光给人以红色感觉，而 510nm 光为绿色，470nm 光为蓝色等。这种波长单一的光被称为单色光。表 1.2 是光波长在一定范围内所呈现的颜色，而实际情况要复杂得多。因为波长变动 1～2nm，人眼就能察觉出其颜色的变化。

表 1.2 光波长与颜色的关系

光色		波长/nm	代表性波长/nm	频率
红色	红色	780～630	700	4.3×10^{14}
	橙色	630～600	620	4.8×10^{14}
绿色	黄色	600～570	580	5.2×10^{14}
	绿色	570～500	550	5.5×10^{14}
	青色	500～470	500	6.0×10^{14}
	蓝色	470～420	470	6.4×10^{14}
	紫色	420～380	420	7.2×10^{14}

光照射到物体后，由于物体分子结构或表面性质不同，会吸收或反射特定波长的光，产生不同的颜色。如果全吸收所有波长的光，则物体呈黑色；如果全反射所有波长的光，则物体呈白色；如果对所有波长的光等量吸收，则物体呈灰色。物质吸收特定波长的光从而显示这种光的互补色，如吸收红光的物体显示为蓝色，吸收紫光的物体显示为黄绿色。物质颜色与吸收光颜色的关系见表 1.3。

表 1.3　物质颜色与吸收光颜色的关系

物质颜色	吸收光颜色	吸收波长范围/nm
黄绿色	紫色	400～425
黄色	深蓝色	425～450
橙黄色	蓝色	450～480
橙色	绿蓝色	480～490
红色	蓝绿色	490～500
紫红色	绿色	500～530
紫色	黄绿色	530～560
深蓝色	橙黄色	560～600
绿蓝色	橙色	600～640
蓝绿色	红色	640～750

1.3.1　有机化合物颜色产生的机理

有机化合物显示不同颜色是由各物质的分子结构不同造成的。物质的分子吸收光能后，处于低能级的电子受激发跃迁到高能级的空轨道上，由于各化合物的低能级轨道和高能级轨道所对应的能量差不同，即电子跃迁所吸收的波长不同，从而使各化合物显示不同的颜色。

各种电子跃迁的相对能量见图 1.1。分子轨道 n-π*的跃迁，其吸收的能量在较长的波长范围内，可能出现在可见光区，对于显示颜色有很大影响。只有当化合物的共轭体系延长到一定长度时，n-π*的吸收谱带才能进入可见光区。例如偶氮基与芳环相连，形成一个较大的共轭体系，这样就使得 n-π*的跃迁更容易进行，这样的化合物不仅显色，而且大多颜色较深。

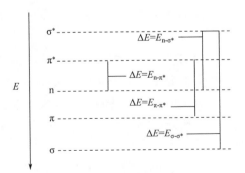

图 1.1　各种电子跃迁的相对能量

由于 $\pi\text{-}\pi^*$ 的跃迁所需能量较低，也有可能落在可见光区内。通常随着化合物分子中双键数目的增多，共轭体系会不断增大，分子的吸收光谱会发生长波方向的移动，即吸收红移。所以分子中双键数目增多通常会产生深色效应。

1.3.2 影响有机化合物颜色的因素

影响有机化合物颜色的因素有溶剂、空间效应、pH、温度等。不仅色料粒子的粒子尺寸、形状、粒径分布和独特的表面区域等参数影响分散系的稳定能力，而且粒子尺寸与色度也有直接的关系，它同样决定颜料的颜色。

晶格内分子间相互作用也是决定颜色的一个重要因素，这种效果在多晶型系统中比较明显，例如，α 型式的铜酞菁染料是蓝色，而 β 型式的是青色（绿色）；γ 型式的喹吖啶是红色，β 型式的是紫色。固体和溶液中分子的光吸收性质存在差异。一般而言，固体相比于溶液中的分子吸收较短波长的光，主要粒子的尺寸决定色度、浑浊度等性质。色度随着粒子尺寸的减小而大幅度增大，浑浊度峰在 0.3μm 左右。色料粒子的粒径分布决定分散系的浑浊度与透明度之比。粒子发散光的本领取决于粒子的这些性质，要求粒子和分散介质之间有一个显著的折射率差异，小的粒子尺寸也有助于产生良好的光泽和透光性。

控制有机颜料的物理特征可以对书写液的表观产生有益的效果。例如，酞菁蓝可以以 α 或 β 晶型存在，分别呈现出蓝色或绿色。这样，晶格堆积的本质在产生颜色方面就起到了作用[7]。晶格堆积的一个结果是晶型显示的各向异性。例如 β-铜酞菁蓝表现二色性，从不同角度看时显示不同的颜色。各向异性也能在晶格中产生不同的表面极化，如 β 型式的铜酞菁蓝晶体在低极性书写液中有良好表现（如在石印墨水中）。

溶剂与溶质之间的相互作用不但可以改变吸收峰的位置和强度，还可以改变谱带的宽度。如果溶剂分子的极性较大，则使得溶质分子的离子化倾向也增大，这样就使溶质分子原有的共轭体系受到影响，导致对光的吸收谱带发生位移，颜色随之变化。

某些分子中，空间效应的影响不可忽视。分子的结构刚性越大，越可能产生深色效应。尤其是共平面的分子，随着共轭体系增大，颜色会加深。如果反应中共轭体系受到破坏，分子的共平面性减弱，则颜色会减弱消失，摩尔吸收系数也随之降低。如图 1.2 所示，当结晶紫分子的平面共轭效应被破坏，则变为结晶紫的隐色体型式。

有时溶液 pH 值的变化会引起物质分子结构的改变，带来吸收光谱的移动，表现为物质颜色改变。对于分子结构中含有吸电子基的有机化合物，常见的吸电子基如羰基、硝基、氰基等，当它们所在的介质酸性增加时，吸电子基上的杂原子由于含有孤对电子，就会吸引介质中的 H^+，并与之结合生成阳离子，这样整个分子的极性增大，则吸收光谱移动，化合物的颜色改变。

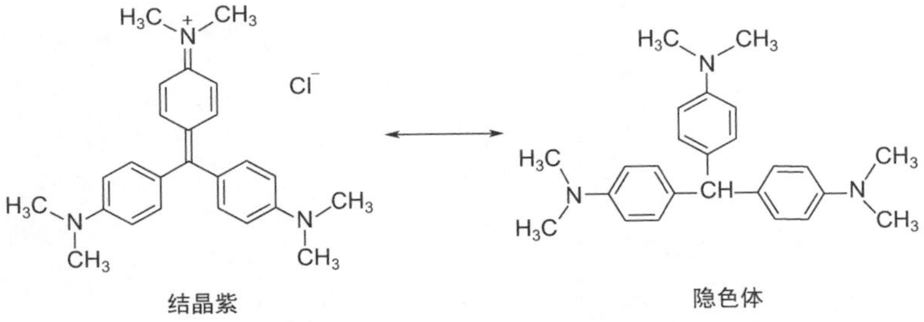

图 1.2　结晶紫与隐色体型式的互变

升高温度能使有机物分子的基态能级提高，缔合倾向减小，吸收光谱也随之发生改变。如日本开发的一种变色涂料是由结晶紫内酯与双酚 A 进行热致变色。当体系达到一定温度时，双酚 A 提供质子给结晶紫内酯，后者内酯环打开，形成大的共轭体系，显示出较深的颜色。这个开环的反应是可逆的，当温度下降到一定程度，双酚 A 得质子，结晶紫内酯闭环褪色。这里，体系的颜色随温度而改变。

总之，物质的颜色是一个十分复杂的问题，受到物质的粒度、分散度、周围环境的温度和湿度、光源等因素的影响。但色彩学作为一门独立的学科，在颜色方面还存在很多问题，缺乏广泛、深入、系统、科学的研究。如有色物质的显色机理还缺乏深入、系统的研究，颜色的名称应用也较为混乱，"浓、淡、浅、深"等词没有准确的度把握。所以需要从物质的内部结构着手，运用光学、量子化学、先进的光谱仪器等手段，对颜色进行深入细致的研究，使颜色的描述、应用更加科学合理。

1.4　苯酞染料

苯酞染料最早是由美国 National Cash Register 公司（NCR）发现并推动其发展的[8]。苯酞染料大致可分为杂环取代苯酞、芳甲烷型苯酞、桥联苯酞和烯烃取代苯酞，见图 1.3。

迄今为止，三芳甲烷苯酞［图 1.3(b)］为研究最多的苯酞染料[9-11]，其中最具代表性的物质有甲乙结晶紫内酯和孔雀石绿内酯。作为性能良好的热敏和压敏染料的三芳甲烷苯酞被广泛用于不同领域，例如发票打印、情报的书写记录以及计算机输出等。除此之外，孔雀石绿内酯也鉴于其优异的显色性能、良好的稳定性、简易的合成以及低廉的价格等优点，被广泛应用于诸多领域[12]。

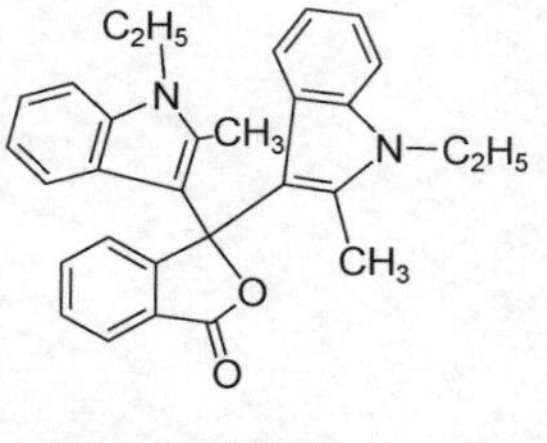

(a) 杂环取代苯酞 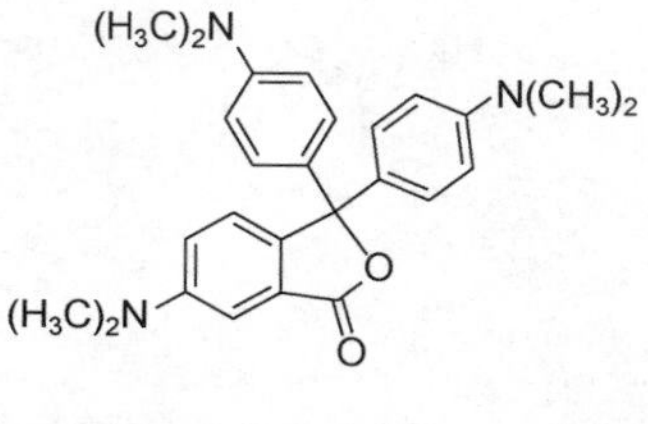　　　　　　　　　　　　(b) 三芳甲烷苯酞

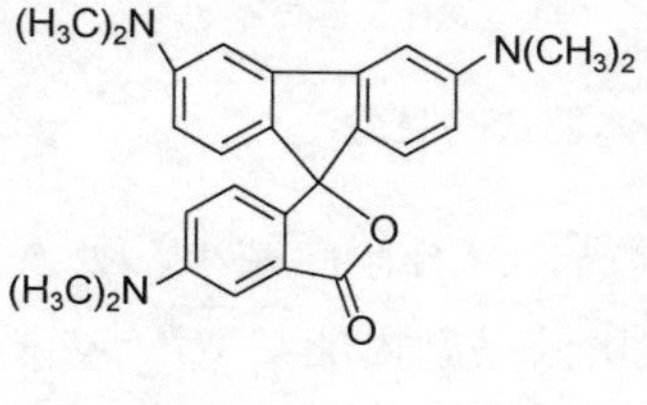

(c) 桥联苯酞 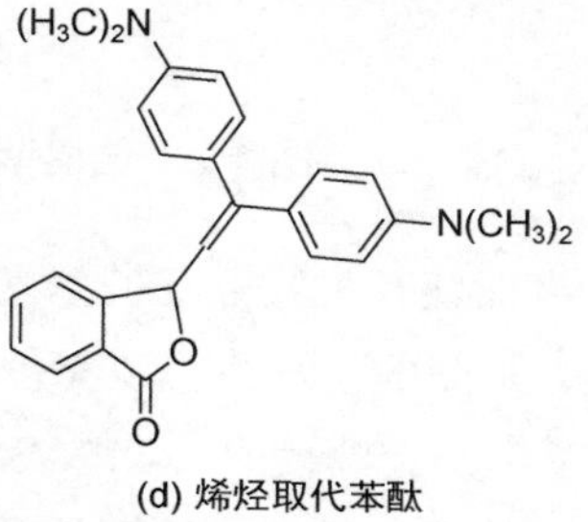　　　　　　　　　　　　(d) 烯烃取代苯酞

图 1.3　几种类型的苯酞染料

1891 年，作为苯酞染料典型代表的孔雀石绿内酯由拜耳公司首次合成，类似的化合物如结晶紫内酯（CVL），直到 1945 年被 NCR 首次合成[13]。无碳复写纸的发展，极大地促进了科学家们对整个可见光区显影剂的研究。1899 年，Guyot[14]巧妙设计出孔雀石绿内酯的合成路线，从而为苯酞型染料的通用合成方法奠定了基础。鉴于孔雀石绿在结构上的缺陷导致其显色范围有限，且色度不足，而 CVL 的耐光性和溶解性都比较差，许多专利文献[15,16]对其基础结构进行了修饰，分别得到了溶解性较好和耐光性较好的染料，但类似的产品均无法取代CVL 的市场地位。

在苯酞环上引入氮原子也能改变孔雀石绿内酯的显色性质，研究表明这些氮杂苯酞型染料（图 1.4）和黏土显色后可得到由红到紫的一系列颜色（表 1.4），且其显色效果和耐光防潮性能较好[17]。用吲哚衍生物和吲哚苯甲酰苯甲酸在乙酸溶液中缩合制得的 3,3-(二吲哚-3-基)苯酞，为红色隐色体，固色牢度好，商业上用作产生黑色图像的互补色组分。在吲哚氮原子上引入长烷基链可增加其溶解性，用 5-二甲氨基或 4 个氯原子取代苯酞环可以得到紫色显影剂[18]。用 4个溴原子取代苯酞环也可以得到紫红色显影剂，将其与活性白土显色后用于压敏复写纸，耐水性和耐光性均较好[19]。1975 年 NCR 公司[20]首次在三芳甲烷苯酞中心碳原子和二氨基苯基间引入一个乙烯桥，能使吸收显著红移，生成的苯酞化合物（图 1.5）显色后在近红外区有吸收，可用于光学记录材料。

表 1.4　不同杂环的 4-氮杂苯酞和 7-氮杂苯酞（见图 1.4）取代基与颜色的对应关系

A	B	与黏土显色
3-吲哚基	3-咔唑基	紫色
3-咔唑基	3-咔唑基	蓝色
2-吡咯基	3-咔唑基	紫色
2-吖啶基	3-咔唑基	绿色
2-吖啶基	2-硫茚基	橙-红
3-吲哚基	3-吩噻嗪基	红色
3-吲哚基	2-噻吩基	红色

图 1.4　4-氮杂苯酞（a）和 7-氮杂苯酞（b）

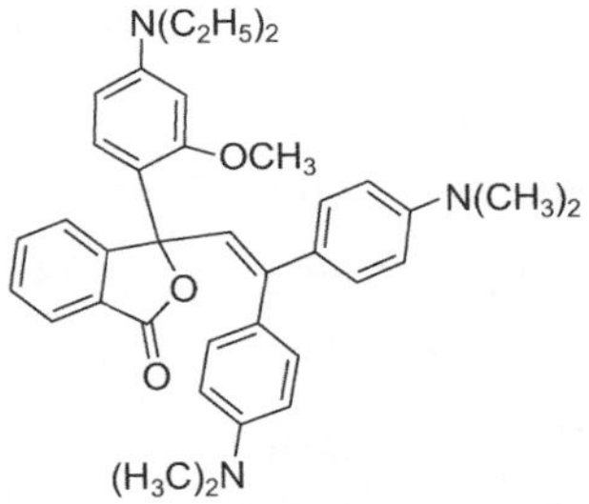

图 1.5　乙烯基苯酞化合物

　　我国关于苯酞染料的研究起步较晚，最早见于 1983 年周祖权翻译的一本日文书籍，书中介绍了感温变色性色素及其变色机理，三芳甲烷苯酞类就是其中一种，可用的接受电子体（即显色剂）有酚基树脂、活性白土、苯酚化合物、有机酸、酸性白土、膨润土等[21]。情报产业用纸范围的扩大，推动了压热材料的迅速发展，我国也积极向国外引进技术装备，首次制备出国产 CVL，其发色灵敏度、密度以及耐光、湿、热等性能和成品质量稳定性接近瑞士产品[22]。由于结晶紫内酯在某些溶剂中溶解性较差，陈丽娜等[23]通过结构修饰制备的丁基取代 CVL 在大多数有机溶剂中溶解性较好，且不改变其变色机理，在一定温度下实现可逆变色，克服了普通结晶紫内酯的缺点。

鹏搏报道了典型苯酞系列染料吡啶蓝 [PB，图 1.6(a)] 及其相似物和黑色染料 PH-3 [图 1.6(b)]，其感度、耐光性和图像稳定性都有所提高[24]。陈秀琴等[25]用不同浓度的硫酸溶液处理黏土试样（高岭土、膨润土）后，比较其对 CVL 的显色效果，结果表明控制一定浓度的酸，可以使黏土表面的路易斯酸对 CVL 显色达到最佳值。黄继泰[26]等用适当浓度的酸制备的优质活性白土，改善了活性白土对 CVL 的发色性能，提高了颜色的稳定性。李劲松等[27]研究了活性白土和水杨酸锌树脂对 CF 纸性能的影响，发现两者按一定比例复配实验，制得的产品原料成本低且显色效果有所提高。

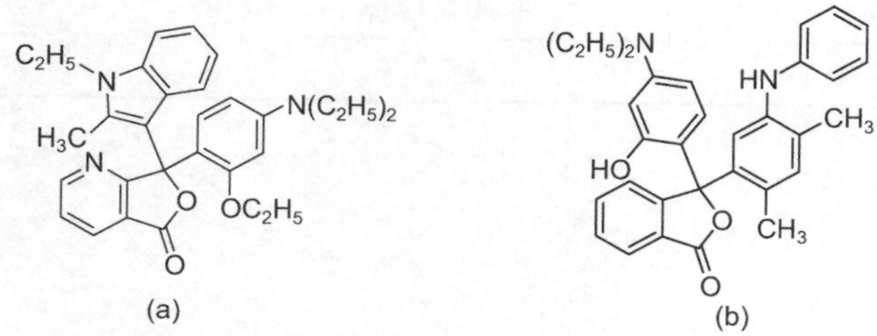

图 1.6　吡啶蓝 PB（a）和黑色 PH-3（b）

近年来，有关苯酞染料的研究主要集中在压/热敏材料上[28]，三芳甲烷苯酞类是其中常用的一类，主要是结晶紫内酯和孔雀石绿内酯[29]，生产无碳复写纸时，将压/热敏染料溶于不挥发油中，用敏感剂材料做成微胶囊，涂于无碳复写纸上、中层纸的背面，中、下层纸的正面涂显色剂，当纸受到外界压力时，微胶囊破裂，染料从微胶囊中溢出并与显色剂作用而显色[8]。有关微胶囊包裹压敏染料的研究报道日益增多[30-32]。Kulcar 等将热致变色材料用微胶囊包裹，制备出红、蓝、黑三种可逆变色打印油墨，其变色温度均在 31℃，且微胶囊对氧等离子体稳定；他们还对破损的颜料微胶囊进行实验，证明其热致变色性质消失[33]。压/热敏染料除用于复写纸外，还有多种用途，如示温墨水、涂料、热显像感光纸等[34]。

随着对压热敏染料研究的深入，大量文献报道了其显色机理（图 1.7）。高令杰等[35]发现低浓度的盐酸可使结晶紫内酯在有机溶剂中显色，但过浓的盐酸会导致蓝色消失，他们认为是盐酸与苯环上的 N 原子形成叔胺而不能继续提供电子所致；而固体酸双酚 A 可使结晶紫内酯在固态显色，溶于有机溶剂时蓝色便消失，推测其机理为有机溶剂的溶剂化效应削弱了双酚 A 的酸性导致褪色。宋健等[36]也对结晶紫内酯与盐酸和双酚 A 显色产物进行核磁共振、红外、X 射线

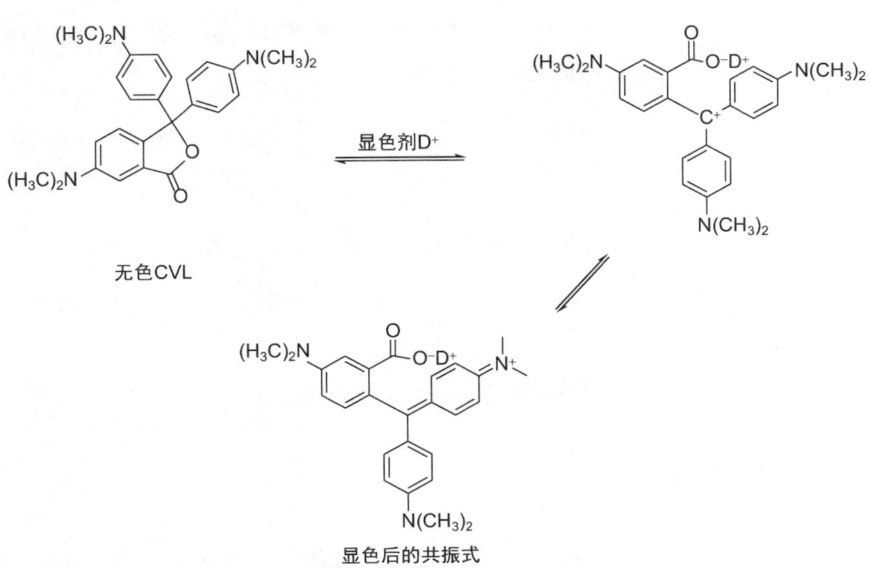

图 1.7　苯酞染料显色原理

研究，得出结晶紫内酯在盐酸酸性条件下全部开环，形成 C═C 和 C═N 双键共轭体系而显色，而双酚 A 是部分开环。Hojo[37]等通过分子轨道理论计算得出显色后的两性离子中二烷基氨基上的氮原子电子云密度比染料单一在溶剂中的氨基氮原子的大，因而可以显色。马一平等[38]和刘军等[39]通过红外、拉曼、核磁共振方法对可逆热致变色材料的变色机理进行了研究，认为低温时苯酞染料和显色剂发生电子转移开环显色，溶剂可提供固化环境使内酯环难以闭合，当温度升高到溶剂熔化时，染料与显色剂分离，又回到内酯结构，即无色，完成可逆变色过程。而 Douglas 等人首次证明在热致变色混合物中存在染料和溶剂对显色剂的竞争反应，可以通过改变显色剂和溶剂的作用来控制体系的亚稳定性[40,41]。杨淑蕙等[42]提出电子得失机理，认为染料和显色剂的氧化还原电位接近，温度变化时两者电位变化程度不同，使反应方向随温度改变从而导致体系颜色的变化。

甲乙结晶紫内酯（CVL-S）属于三芳甲烷苯酞型（内酯）染料，该类染料耐光性较差，但因其具有色泽好、着色力强、成本低等优点，仍是最重要的合成染料之一。三芳甲烷苯酞型（内酯）染料的应用价值较高，传统的应用主要是对羊毛、丝绸、皮革和聚丙烯腈纤维进行染色。现在，这类染料大部分用于制造各种无碳复写纸，而在其他方面的应用研究鲜见报道。

甲乙结晶紫内酯是一类应用型染料，是由甲基结晶紫内酯（R^1=CH$_3$、R^2=CH$_3$）与乙基结晶紫内酯（R^1=CH$_3$、R^2=C$_2$H$_5$）组成的混合物。显色原理如

图 1.8 所示，在酸性条件下，内酯环开裂形成醌式大 Π 键，发出高浓度的蓝紫色；在碱性条件下，内酯环闭合，呈无色。

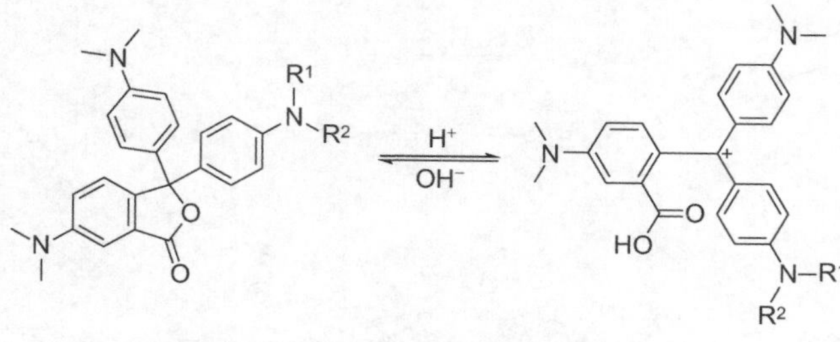

图 1.8　甲乙结晶紫内酯变色机理

1.5　荧烷染料

荧烷染料是一种碱性呫吨类染料，它是以氧化蒽为母体环，并在其上连接不同取代基所形成的一类染料，其结构通式见图 1.9。荧烷染料取代基和所呈现的颜色有着紧密的关联，母体上不同结构、不同类型的取代基所呈现的颜色谱带也不尽相同。此外，荧烷染料在显色反应中具有发色敏锐、稳定性高、强度大的特点。此类染料用途广泛，其中最主要应用领域为压/热敏记录纸。

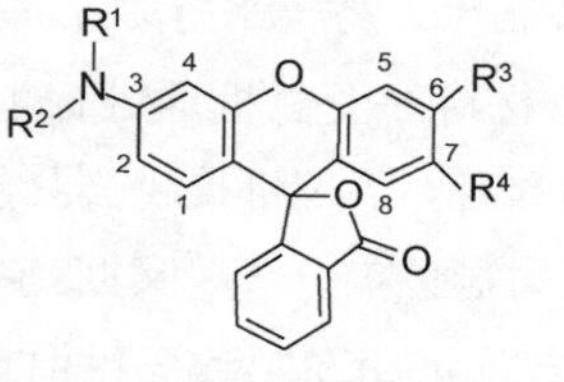

图 1.9　荧烷分子的结构

荧烷染料是较早使用的一类隐色染料，最早用于纺织染布，后来发现其具有压/热敏变色的性质，可用于复写传真打印领域。在荧烷分子的母体环上可以连接不同的取代基如烷基、烷基取代氨基、氨基、羟基、卤素、烷氧基、芳香基、酰基、苯并环、杂环等，能得到各种颜色特别是黑色的压/热敏染料，成为当今压/热敏染料的主流[43]。因此荧烷类染料被认为是最有发展前途的隐色染料。荧烷染料广泛应用于热打印纸、传真用纸及压敏记录纸、示温涂料、示温墨水和热敏防伪等方面[44]。

荧烷染料与普通的染料有着很大的区别。普通染料是有颜色的共轭体系，具有使树脂或纤维等着色的性能。而荧烷染料的共轭体系中断，本身为无色或浅色，通过与显色剂作用而发色。荧烷染料取代基与颜色有紧密联系，不同类型、不同结构的取代基会产生不同的颜色，显色态的颜色随取代基的改变而改变（原子的标号顺序见图 1.9）。大部分荧烷是黑色，一些品种能够发绿、橙、红等颜色。不同取代基与颜色的关系见表 1.5[45]。

表 1.5 荧烷染料的结构与颜色

序号	名称	R^1	R^2	R^3	R^4	颜色
1	ODB-1	C_2H_5	C_2H_5	CH_3	HṄ—苯基	黑
2	热敏绿	C_2H_5	C_2H_5	H	HṄ—苯基	绿
3	FT-2	C_2H_5	C_2H_5	H	HṄ—苯基—CF_3	黑
4	TH-106	C_2H_5	C_2H_5	H	HṄ—苯基—Cl	黑
5	富士黑	C_2H_5	C_2H_5	Cl	HṄ—苯基	黑
6	TH-108	$n\text{-}C_4H_9$	$n\text{-}C_4H_9$	CH_3	HṄ—苯基	黑
7	TH-107	$n\text{-}C_4H_9$	$n\text{-}C_4H_9$	H	HṄ—苯基—Cl	黑
8	—	$n\text{-}C_5H_{11}$	$n\text{-}C_5H_{11}$	CH_3	HṄ—苯基	黑
9	—	$n\text{-}C_5H_{11}$	$n\text{-}C_5H_{11}$	H	HṄ—苯基—CF_3	黑
10	PSD-O	H	环己基	Cl	H	橙
11	PSD-301	CH_3	$n\text{-}C_3H_7$	CH_3	HṄ—苯基	黑
12	PSD-184	C_2H_5	$i\text{-}C_4H_9$	CH_3	HṄ—苯基	黑
13	—	C_2H_5	$n\text{-}C_5H_{11}$	CH_3	H_3C—Ṅ—苯基	黑
14	—	$n\text{-}C_4H_9$	$n\text{-}C_4H_9$	H	HṄH$_2$C—苯基	黑
15	—	C_2H_5	C_2H_5	H	NO_2	黑
16	—	C_2H_5	C_2H_5	Cl	CH_3	黑
17	CF-51	C_2H_5	H_2C—四氢呋喃基	CH_3	HṄ—苯基	朱红

如表 1.5 所示，荧烷母体 7 位碳上的苯氨基及取代的苯氨基对产生黑色具有重要作用，其邻位的—CH₃ 或—Cl 能阻碍苯氨基的电子转移到氧杂蒽部分，从而使化合物产生黑色。ODB 是世界上使用量最多的黑色荧烷压/热敏染料。

通常，荧烷类染料为无色或浅色的隐色体，在酸或其他显色剂的作用下，荧烷分子中心碳原子构成的内酯环打开形成大共轭结构从而显色。红外光谱可检测到内酯环的开裂，图谱上 $1760\mathrm{cm}^{-1}$ 附近的内酯吸收会消失。由于内酯环开裂的反应是可逆反应，因此染料显色态耐油脂性、耐增塑剂性和耐碱性都不好，由其制成的热敏记录纸的保存性也不好。具体显色机理如图 1.10 所示。

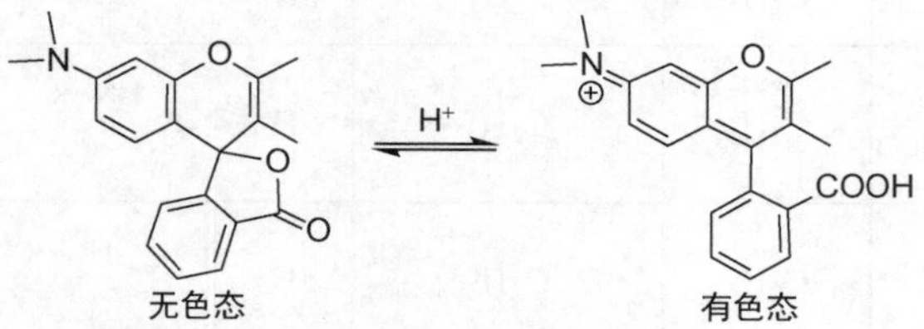

图 1.10　荧烷染料的显色机理

在图 1.10 左侧的无色荧烷分子，中心碳原子成环，是 sp^3 杂化的四面体构型，分子不在同一平面上，不能构成一个共轭体系，因而是一种无色的型式。与显色剂反应后，荧烷分子的结构发生变化。在特定的溶剂中，双酚 A 等显色剂接受电子后解离出 H⁺。供电子体荧烷分子结合 H⁺内酯环开裂，中心碳原子形成 sp^2 杂化的平面构型，系统成为一个较大的整体 π 共轭结构。分子共面性的大大增强，导致它的发射和吸收光谱发生显著变化，形成右侧的分子结构，呈现出不同的颜色。

由于荧烷染料的显色反应是可逆反应，因此在体系中加入碱或含有供电子体的化合物时，显色反应向逆反应方向进行。此时，荧烷分子放出 H⁺，内酯环闭环，荧烷染料的有色型体转化为无色型体[46]。

1.5.1　荧烷染料的研究进展

由于热敏记录材料使用越来越广泛，荧烷染料的研究已成为功能染料领域的一个热点。当今荧烷染料的研究主要集中在合成新型荧烷及中间体方面。开发重点是改变荧烷氨基上的两个取代基。

荧烷染料的常规合成路线见图 1.11。该方法是一个经典的反应，用于制备非对称性氧蒽类染料。由于在原料、工艺和设备等方面的相同或相似之处，这个反应也常用于制备酸性或酸性媒介染料以及有机颜料。其中，中间体的产率是这类化合物制备的关键。

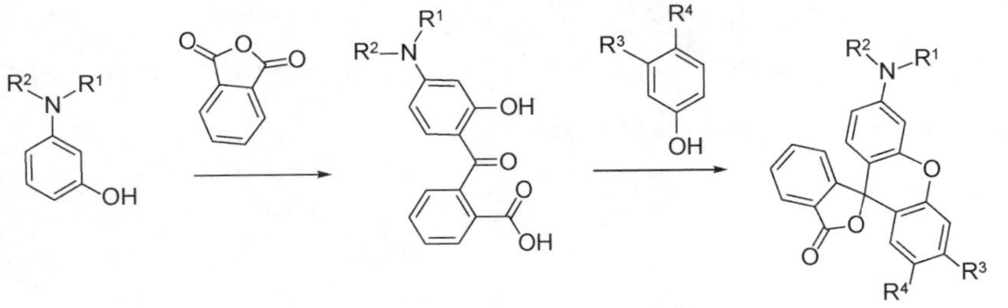

图 1.11　荧烷染料的合成路线

Patel 等[47]合成了一种 3,6-二取代有色荧烷，在有机溶剂中为无色，溶解性良好。Yanagita 等[48]在氧杂蒽环的 6 位引入对-(N,N-二丁基氨)苯氨基，使该化合物产生了独特的光谱特性。Shen 等[49]合成了几种荧烷染料，在低温下增加光照度会使发色加快，有利于增强显影图像的稳定性。祁争健等[50]合成了 4-N,N-二丁氨基-2-羟基-2′-羧基二苯酮，再与二芳胺或萘胺缩合成多芳基荧烷，其与双酚 A 发生反应，在热或压力的作用下能产生多种不同的色彩。

除了合成新型荧烷染料，荧烷染料的晶体结构分析以及用荧烷染料构筑特定体系来检测紫外线的研究也在进行。Okada 等[51]用 X 射线对荧烷显色剂和发色剂的四种结构分别进行了晶体结构和原子电荷分析。Kaburagi 等[52]用荧烷染料、酸显色剂、多聚糖以及二丙醇介质制成纳米级的固体膜装置，紫外线辐射检测可以通过用肉眼观察染料指示剂颜色变化实现。

此外，还有许多荧烷染料的固色方法及改善稳定性方面的研究。Zhou 等[53]利用碘鎓离子与荧烷隐色体染料之间的电子转移进行着色，提出了一种新的固色方法。Oda 等[54]研究了有色染料的稳定剂，发现两性离子作为紫外吸收剂能阻碍发色剂褪色，可以作为有色体的良好的稳定剂。

设计荧烷类功能材料的依据是分子结构与颜色的对应关系。Kazuchiyo 等[55]用半经验的量化计算方法分析了 ODB-1 的 XPS 价带谱和紫外吸收谱，阐明了显色前后分子的电子能态，如图 1.12 所示。

Yanagita 等[56,57]研究了荧烷母体环上的立体位阻对荧烷电子吸收谱的影响，发现荧烷的吸收峰形状、位置变化与 2-氨基的立体位阻效应有很大关系，其变化与计算结果相符。Hoshiba 等[58]使用分子轨道法，以 3-二乙氨基-6-甲基-7-氯荧烷为模型化合物，计算了一种非对称荧烷染料的 ^{13}C NMR 化学位移及其可见吸收光谱，误差在 −4.9～16.9 范围。

1.5.2　荧烷染料的应用

荧烷类功能色素材料主要作为压/热敏染料广泛应用。公开报道的热敏染料已达 3000 多种，共计有 60 多类[59]。其中荧烷类压/热敏染料是当今热敏染料的主流，占热敏染料总量的 2/3，可获得红、绿、黑、橙等多种色泽，用于制作可逆示温涂料、防伪涂料、高分子膜等[60]。

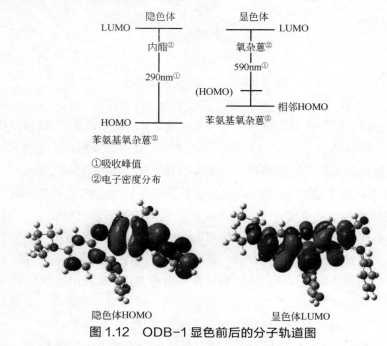

①吸收峰值
②电子密度分布

隐色体HOMO　　　　　　　　显色体LUMO

图 1.12　ODB-1 显色前后的分子轨道图

热敏纸显色的原理如图 1.13 所示。感热层中的热致变色化合物（如荧烷）和酸显色剂（如双酚 A）受到热源（电热元件，热头）的作用而熔融，发生显色反应。这种简单的热敏记录纸广泛用于分析仪器、心电图、传真、电视画面复印等。化学防伪标记直接印刷在标签、封签、商标或外包装上，所以制备防伪印刷油墨是制作化学防伪标记的关键，而可变色的化合物或混合物是制油墨的关键。荧烷类功能色素材料还在许多其他领域有广阔的应用前景[61]。

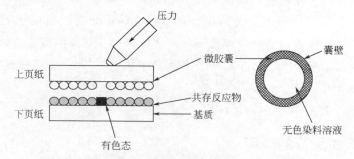

图 1.13　压/热敏复写纸的结构示意图

荧烷隐色染料在电子成像的一种应用原理如图 1.14 所示。以带有 420μm ITO 导电层区间的透明玻璃板作为工作电极，与对电极一起包夹着隐色体电解质。向这个装置加±3V 的电压可以实现图像的成像和擦除。当电极之间施加电流时，隐色体在 ITO 电极表面上产生颜色；而当施加反向电流时，有色体变回隐色体的结构。

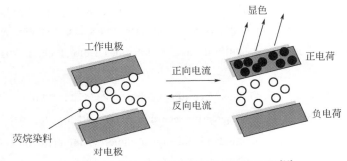

图 1.14　荧烷隐色染料电子成像的原理[62]

荧烷染料分子以呫吨环为主体，结构刚性较好，有利于荧光的产生。罗丹明、荧光素都属于荧烷化合物。这类化合物具有对 pH 不敏感、光稳定性好、荧光量子产率较高和波长范围较宽等特点，引起了持续而广泛的关注[63]，已应用于生理学、药理学、荧光标记、细胞生物学、激光染料、信息科学等方面。作为一类常用的荧光染料，荧烷类荧光染料在分析化学和生物医药科学等生物技术领域中的使用越来越普遍。

在荧光分析技术方面，荧烷染料的研究热点集中在通过改变荧烷母体环上的取代基，以获得不同颜色的种类。取代位置通常是在氧杂蒽环上，也可以在底环上连接特异性的官能团。变换基团的目的是形成不同的发色团，造成荧光分子发光性能改变。通过改变荧光分子的发射波长以及光量子产率，使其具有更高的选择性和可靠性。荧烷和酞菁类化合物的荧光，多为红色、黄色或绿色，是 DNA 测序中常用的染料试剂。

参考文献

[1] 肖刚, 王景国. 染料工业技术. 北京: 化学工业出版社, 2004: 68-72.

[2] 闫福成, 杨锦宗. 功能性染料的应用和发展. 化工进展, 1988(3): 23-27.

[3] 吴雄. 红色荧烷染料的合成与应用研究. 精细化工, 1995, 12(16): 14-16.

[4] 穆萨拉. 隐色体染料化学与应用. 董川, 双少敏, 译. 北京: 化学工业出版社, 2010.

[5] Ramaiah M. Chemistry and applications of leuco dyes. Berlin: Springer, 1997.

[6] 殷锦捷. 压敏、热敏染料的主要品种及特点. 染料工业, 1996, 33(6): 25-28.

[7] Harada Y, Chiga K. Reversible thermochromic laminate. JP2010064324, 2010.

[8] 唐方辉, 刘东志. 无碳复写纸用压(热)敏染料. 信息记录材料, 2004, 5(1): 31-33.

[9] 梁小蕊, 张勇, 张立春. 可逆热致变色材料的变色机理及应用. 化学工程师, 2009, 164(5): 56-58.

[10] Makhloga P S, Chamoli R P. Synthesis and infra-red spectral studies on some new phthalein dyes-unsymmetrically substituted phthalides. Color Technol, 2010, 100(5-6): 170-173.

[11] Mitsuhiro Y, Takeshi S. Thermal recording medium. JP335724, 1996.

[12] Green B K, Ohio D. Pressure sensitive record material: US2505470, 1950.

[13] Adams C S. 3, 3-Bis(4-dimethylaminophenyl)-6-dimethylaminophthalide. US2417897, 1947.

[14] Haller A, Guyot A. Comptus Rendus, 1899(119): 205.

[15] Kanzaki. Triphenylmethane derivatives. JP52107026, 1977.

[16] Miyake. Color formers. JP52108965, 1977.

[17] Akamatsu T, Kogo K, Miyake M. Azaphthalide dyes. JP8008728, 1973.

[18] Kotsutsumi M, Miyazawa Y. Chromogenic compounds for pressure-sensitive copying paper. JP48003693, 1973.

[19] Ozutsumi M, Miyazawa Y. Pressure-sensitive copying paper. DE2163658, 1972.

[20] Farber S. Vinyl phthalide color formers. UP4119776, 1978.

[21] 周祖权, 译. 感温变色性色素及其应用. 染色工业, 1983(4): 60-61.

[22] 陈继娴, 曹丽云. 国产结晶紫内酯. 上海造纸, 1987(2): 51-56.

[23] 陈丽娜, 白国信, 叶明新. 油溶性结晶紫内酯的合成和性能. 复旦学报: 自然科学版, 2006, 45(3): 375-379.

[24] 鹏搏. 近年热敏染料技术进展. 染料工业, 1991, 28(3): 10-17.

[25] 陈秀琴, 黄继泰. 黏土的酸处理及其产物的吸附性能研究. 矿产综合利用, 1993, 3: 28-31.

[26] 黄继泰, 戴劲草. 活性白土对结晶紫内酯的发色稳定效应. 华侨大学学报: 自然科学版, 1994, 1(3): 285-288.

[27] 李劲松, 刘文波, 陈京环. 显色剂对 CF 纸性能影响. 造纸化学品, 2006, 18(3): 31-34.

[28] 于永, 高艳阳. 三芳甲烷苯酞类可逆热致变色材料. 化工技术与开发, 2006, 35(10):

26-29.

[29] 张宝砚, 李远明, 姜功臣, 王晓光. 以孔雀绿内酯为变色剂的可逆示温涂料的研究. 化工新型材料, 1996(10): 37-38.

[30] 崔晓亮, 张宝砚, 孟凡宝, 等. 一种可逆热致变色材料的制备及微胶囊化研究. 合成树脂及塑料, 2002, 19(3): 24-27.

[31] 郭凤芝, 安苗, 黄玉丽. 变色染料/壳聚糖微胶囊的制备研究. 北京服装学院学报, 2009, 29(2): 53-29.

[32] 吴落义, 胡智荣, 李玉书, 邵光. 低温可逆变色微胶囊的制备及其在水性涂料中的应用研究. 涂料工业, 2002, 32(12): 17-19.

[33] Kulcar H, et al. Colorimetric properties of reversible thermochromic printing inks. Dyes Pigments, 2010, 86(3): 271-277.

[34] 张惠田. 记录方式中使用的染料. 天津化工, 1987(2): 53-54.

[35] 高令杰, 赵天增, 秦海林, 付经国. 结晶紫内酯开环机理的 ^{13}C NMR 研究. 波谱学杂志, 1995, 12(6): 607-611.

[36] 宋健, 李光天, 程侣柏. 结晶紫内酯变色机理的研究. 大连理工大学学报, 1999, 39(3): 410-414.

[37] Hojo M, Ueda T, Yamasaki M, et al. ^1H and ^{13}C NMR detection of the carbocations or zwitterions from rhodamine B base, a fluoran-based black color former, trityl benzoate, and methoxy-substituted trityl chlorides in the presence of alkali metal or alkaline earth metal perchlorates in acetoni. B Chem Soc Jpn, 2002, 75(7): 1569-1576.

[38] 马一平, 朱蓓蓉. 内酯型化合物温致变色的表征及研究. 涂料工业, 2000, 30(6): 35-39.

[39] 刘军, 赵曙辉, 李文刚, 李兰. 结晶紫内酯可逆热变色复合物的 DSC 研究. 印染助剂, 2003, 20(6): 39-41.

[40] Maclaren D C, White M A. Competition between dye-developer and solvent-developer interactions in a reversible thermochromic system. J Mater Chem, 2003, 13(7): 1701-1704.

[41] Maclaren D C, White M A. Design rules for reversible thermochromic mixtures. J Mater Sci, 2005, 40(3): 669-676.

[42] 杨淑蕙, 郝晓秀, 刘洪斌. 可逆温致变色材料的合成及其在纸料体系中的应用. 中国造纸, 2005, 24(11): 13-16.

[43] 贾建洪, 盛卫坚, 高建荣. 有机荧光染料的研究进展. 化工时刊, 2004, 18(1): 18-22.

[44] 陈亚玲, 陈柳生. 荧烷内酯染料的溶剂、热和光致变色性能. 感光科学与光化学, 1995(4): 373-378.

[45] 陈厚凯, 薛贤. 热敏染料 3-(N-乙基-N-异戊基)氨基-6-甲基-7-苯氨基荧烷的制备. 染料工业, 1997, 34(6): 19-24.

[46] Tsuneto E, Yasuhisa I, Ikuzo N, et al. Preparation of fluoran derivatives as coloring agents for thermal or pressure-sensitive recording materials: JP07002865, 1995.

[47] Patel R G, Patel M P, Patel R G. 3,6-Disubtituted fluorans containing 4(3H)-quinazolinon-3-yl, diethyl amino groups and their application in reversiblethermo chromic materials, Dyes Pigments, 2005, 66(1): 7-13.

[48] Yanagita M, Aoki I, Tokita S. New fluoran leuco dyes having a phenylenediamine moiety at the 6-position of the xanthene ring. Dyes Pigments, 1998, 36(1): 15-26.

[49] Shen M Q, Shi Y, Tao Q Y. Synthesis of fluoran dyes with improved properties. Dyes Pigments, 1995, 29(1): 45-55.

[50] 祁争健, 周钰明, 曹爱年, 等. 4-N,N-二丁氨基-2-羟基-2′-羧基二苯酮合成方法的研究. 南京大学学报, 2001, 37(5): 643-648.

[51] Okada K, Okada S. X-Ray crystal structure analysis and atomic charges of color former and developer: 4 colored formers. J Mol Struct, 1999, 484(1-3): 161-179.

[52] Kaburagi Y, Tokita S, Kaneko M. Solid film device to visualize uv-irradiation. Chem Lett, 2003, 32(10): 888-889.

[53] Zhou W, Liu J, Li M, et al. Electron transfer coloration of fluorane leuco dyes with iodonium salt-an approach for color stabilization. Dyes Pigments, 1998, 36(4): 295-303.

[54] Oda H. Photostabilization of organic thermochromic pigments: Action of benzotriazole type UV absorbers bearing an amphoteric counter-ion moiety on the light fastness of color formers. Dyes Pigments, 2008, 76(1): 270-276.

[55] Kazuchiyo T, Sigehiro M, Hidetosi M, et al. Theoretical valence XPS and UV-visible absorption spectra of four leuco dyes using MO calculations. Bull Chem Soc Jpn, 1998, 71(4): 807-816.

[56] Yanagita M, Kanda S, Ito K. et al. The Relationship between the steric hindrance and absorption spectrum of fluoran dyes. Part Ⅰ. Mol Cryst Liq Cryst, 1999, 327(1): 49-52.

[57] Yanagita M, Kanda S, Tokita S. The Relationship between the steric hindrance and absorption spectrum of fluoran dyes. Part Ⅱ. Mol Cryst Liq Cryst, 1999, 327(1):

53-56.

[58] Hoshiba T, Ida T, Mizunoa M. et al. C-13 NMR Chemical shifts and visible absorption spectra of unsymmetrical fluoran dye by MO calculations. J Mol Struct, 2002(602-603): 381-388.

[59] 潘建林, 罗惠萍. 2-(2′-氯苯氨基)-6-二乙基氨基荧烷的合成与性能测试. 浙江大学学报, 1997, 31(1): 93-96.

[60] 辛忠. 热敏微胶囊热响应特性研究. 化工商品科技情报, 1988(1): 21-34.

[61] 戈乔华, 项斌, 高建荣, 等. 2-(5-甲基-1,3,4-噁二唑-2-基)-6-二乙氨基荧烷的合成. 浙江工业大学学报, 2006, 34(5): 498-501.

[62] Wu W, Tetsuya H, Masao S, et al. A high-speed passive-matrix electrochromic display using a mesoporous TiO_2 electrode with vertical porosity. Angew Chem, 2010, 122(23): 4048-4051.

[63] Ito K, Fukunishi K. Alternate intercalation of fluoran dye and tetra-n-decylammonium ion induced by electrolysis in acetone-clay suspension. Chem Lett, 1997(4): 357-358.

第2章 苯酞染料的显色反应

2.1 CK-16 的显色反应

1891 年，作为苯酞类染料典型代表的孔雀石绿内酯由拜耳公司首次合成，其他类似化合物如结晶紫内酯（CVL）则直到 1945 年才被 NCR 首次合成[1]。1899 年，Guyot[2]设计合成孔雀石绿内酯的合成路线为苯酞染料的合成方法奠定了理论基础。然而由于孔雀石绿和 CVL 分别存在不同的缺陷，因此诸多专利文献[3,4]对它们的基础结构分别进行了不同的修饰，得到了各方面性能均良好的染料。除此之外，研究表明在苯酞环上引入氮原子后也可改变孔雀石绿的显色性能[5]，将这些不同的氮杂苯酞类染料分别与黏土混合显色后即可得到不同颜色，且其显色能力、防潮性能和耐光性均较好[6-12]。Kulcar 等利用微胶囊包裹热敏变色材料的方法，制备出三种可逆变色油墨，而其变色温度均为 31℃；此外，还对包裹了颜料却破损的微胶囊进行了实验，发现该热致变色性能消失[13]。此外，压/热敏染料除了可用于无碳复写纸外，还可用于示温墨水、热显像感光纸、涂料等领域[14]。

1954 年，美国 National Cash Register（NCR）公司将无碳复写纸引入市场，推动了苯酞染料的发展[15]。苯酞染料是一种重要的功能染料，广泛用于无碳复写纸、可逆热致变色材料以及示温油墨等[16,17]。其最初使用的显色剂是活性白土，其吸附力较高，价格便宜且显色速度快，长时间被使用，尤其是在欧洲。但这种显色剂发色能力低，对湿气敏感，耐光性差，不易长期保存。1964 年 NCR 发明了酚醛树脂类显色剂，它改善了活性白土的一些缺点，具有显色密度高、耐水性好的优点，但发色速度慢，遇光易变黄。1970 年日本开发了一类新的水杨酸锌类显色剂，它的特点是能克服变黄的缺点，而且显色能力高、色调鲜艳，但价格高，耐水性不如酚醛树脂[18,19]。酸性酚及其衍生物也是常用的一类显色剂，但是有人提出其对环境有害[20]。目前关于显色剂的改进研究仍在继续[21-23]，Zhu[24]等发现以酚类作显色剂时，酚的酸性越强，热变色物质的颜色越深，也有研究[25]表明酸能提供质子使内酯环打开显色。

随着科学的不断进步，一些新的显色剂被开发，如尿素-尿烷衍生物[26,27]，这类显色剂不含酚羟基或酸性质子，但可以使内酯环开环，而且显色后的图像比传统的酸性酚类显色剂有更高的稳定性，其牢固性可能是由尿素和尿烷分子形成庞大的氢键网状结构所致。Hojo 等[25,28]研究了碱金属和碱土金属对荧烷染料的开环作用，说明金属离子也可作为一类显色剂。

3,3-双(N-辛基-2-甲基吲哚)邻苯二甲内酯简称为 CK-16，它是目前世界压敏染料行业用量最大的红色染料，具有发色速度快和浓度高等优点[29]，其显色机理如图 2.1 所示。然而大量文献报道都是关于其压敏性质的研究，对其溶液状态中的显色情况虽有报道，却很少有系统逻辑的研究。实验采用分子光谱法研究 CK-16 与常见各种酸和金属离子的显色反应，采用定性/定量双结合的方法来研究 CK-16 与常见路易斯酸的显色情况，考察表面活性剂和光照对其显色的影响；并利用等摩尔连续变化法[30]测定结合后的配位比，进而比较不同显色剂相对于 CK-16 的显色能力。此外，也考察了筛选出的显色剂与 CK-16 作用后，在时间、温度、pH、水条件下其结合的稳定性，为后续的进一步应用研究提供理论依据。

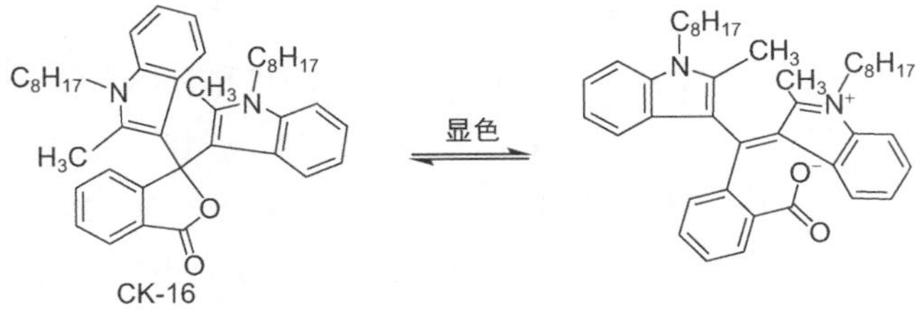

图 2.1　CK-16 的显色机理

2.1.1　不同显色剂对 CK-16 的显色效果比较

于 13 个样品瓶中（图 2.2），分别加入 0.1g CK-16，然后在其中 12 个样品瓶中分别加入质量均为 0.1g 的 FeCl$_3$、草酸、CuCl$_2$、水杨酸、ZnCl$_2$、邻苯二甲酸、没食子酸、酒石酸、柠檬酸、双酚 A、硼酸、MgCl$_2$，剩余的一个样品瓶做对照。最后在所有的样品瓶中均加入 5mL 无水乙醇后，放入 KQ-100E 超声波清洗器中进行超声溶解，待完全溶解后取出，观察 CK-16 对各种显色剂选择性显色的深浅程度。

图 2.2　无水乙醇中不同显色剂对 CK-16 显色的影响

从左到右依次为：FeCl₃、草酸、CuCl₂、水杨酸、ZnCl₂、邻苯二甲酸、没食子酸、
酒石酸、柠檬酸、双酚 A、硼酸、MgCl₂、对照品

CK-16 是一种苯酞荧烷染料，当助色团进攻吸电子基团 N—时，π 电子云发生迁移，从而使得苯酞环断裂，同时也使得原来不共平面的体系共平面，进而显色。因此在显色剂的选取上，选择了一系列的有机弱酸和金属离子。由于不同显色剂与 CK-16 的作用能力不同，因此设计了上述定性实验，在乙醇溶剂中，比较不同显色剂与 CK-16 作用的强弱。结果如图 2.2 所示。结果表明，FeCl₃、草酸、CuCl₂、水杨酸的显色效果明显优于其他显色剂，初步说明 CK-16 对这 4 种显色剂的选择性较好。

2.1.2　CK-16 与酸的显色反应

2.1.2.1　CK-16 与盐酸、草酸、邻苯二甲酸的显色反应

CK-16 中加入不同量的盐酸后其吸收光谱如图 2.3（a）所示。图中 CK-16 浓度为 1×10^{-5} mol/L，曲线 1～8 对应的 HCl 浓度依次为 0、1×10^{-5} mol/L、2×10^{-5} mol/L、3×10^{-5} mol/L、5×10^{-5} mol/L、1×10^{-4} mol/L、5×10^{-4} mol/L、1×10^{-3} mol/L。未加盐酸或盐酸浓度很小时，CK-16 在可见区无吸收，而在 225nm 和 284nm 有特征吸收，为无色体。随着盐酸浓度的增大，CK-16 的内酯环打开，形成大的共轭体系，π-π*跃迁所需的能量降低，最大吸收位置发生红移，在 535nm 处有较强吸收，而 284nm 处的峰分裂为两个峰，说明其结构发生了很大变化，形成了红色配合物。由图可知，当盐酸浓度达到 1×10^{-4} mol/L 时，即 CK-16 浓度的 10 倍时，位于 535nm 处的吸光度达到最大，再增加盐酸浓度，几乎无明显变化，此时可认为 CK-16 与盐酸完全配位，即 1×10^{-4} mol/L 为此条件下盐酸显色的最佳浓度。

图 2.3（b）中 CK-16 浓度为 1×10^{-5} mol/L，曲线 1～8 对应的草酸浓度依次为 0、5×10^{-4} mol/L、1×10^{-3} mol/L、2×10^{-3} mol/L、5×10^{-3} mol/L、1×10^{-2} mol/L、5×10^{-2} mol/L、0.1mol/L。当草酸浓度达到 1×10^{-2} mol/L 时，即 CK-16 浓度的 1000 倍时，位于 535nm 处的吸光度达到最大，为 0.3721，可见草酸的配位能力较弱，这可能是由于草酸分子之间的氢键作用使得与 CK-16 反应的位阻增大，使一部

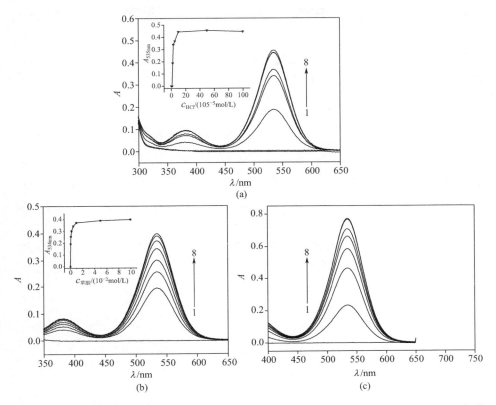

图 2.3 CK-16 在不同浓度的盐酸（a）、草酸（b）和邻苯二甲酸（c）中的吸收光谱

分色素不能开环，因此吸光度较低。再增加草酸浓度，吸光度变化不大，此时可认为 CK-16 与草酸完全反应，即 1×10^{-2} mol/L 为此条件下草酸显色的最佳浓度。

图 2.3（c）中 CK-16 的浓度为 2×10^{-5} mol/L，曲线 1～8 对应的邻苯二甲酸浓度依次为 0、5×10^{-3} mol/L、1×10^{-2} mol/L、2×10^{-2} mol/L、5×10^{-2} mol/L、8×10^{-2} mol/L、0.1mol/L、0.2mol/L。当邻苯二甲酸浓度达到 8×10^{-2} mol/L 时，即 CK-16 浓度的 4000 倍时，位于 535nm 处的吸光度达到最大，为 0.7660，可见邻苯二甲酸配位能力很弱。这也类似于草酸，是由邻苯二甲酸的羟基形成氢键导致位阻增大所致。再增加邻苯二甲酸浓度，吸光度变化不大，此时可认为 CK-16 与邻苯二甲酸完全反应，即 8×10^{-2} mol/L 为此条件下邻苯二甲酸显色的最佳浓度。

2.1.2.2 配位比和不稳定常数测定

设配合物是由金属离子 M 与配体 R 组成的。维持金属离子 M 和配体 R 的总物质的量不变，而连续改变两个组分的比例，测量这一系列溶液的吸光度 A，

然后以 A 对 M（或 R）的浓度 c_M（或 c_R）或者它们的摩尔分数 x_M（或 x_R）作图，如图 2.4（a）所示。曲线转折点所对应的 M 和 R 的浓度比即为该配合物的组成比。如果所形成的配合物稳定性很高，则转折点明显，如图 2.4（a）中曲线 I 所示；如果所形成的配合物稳定性较差，如曲线 II 所示，此时可以用延长两条线使之相交的方法求得转折点。

设配合物的生成反应为：$mM + nR = M_mR_n$。经推导得出：$\dfrac{n}{m} = \dfrac{x}{1-x}$。式中，$x$ 为 R 的摩尔分数。正是由于配合物的解离，而使吸光度由 A_0 下降到 A，可见吸光度降低的程度是与配合物的稳定性有关的。则配合物不稳定常数 $K_{\text{不}}$ 为：

$$K_{\text{不}} = \frac{[M]^m[R]^n}{[M_mR_n]} \tag{2.1}$$

设配合物不解离时在转折点处的浓度为 c，配合物的解离度为 α，则在平衡时：

$$[M_mR_n]=(1-\alpha)c \tag{2.2}$$

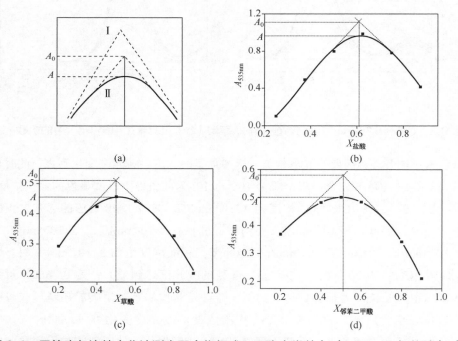

图 2.4　用等摩尔连续变化法测定配合物组成和不稳定常数（a）；CK-16 与盐酸（b）、草酸（c）、邻苯二甲酸（d）反应配位比的测定图

$$[M]=m\alpha c \tag{2.3}$$

$$[R]=n\alpha c \tag{2.4}$$

将式（2.2）～式（2.4）代入式（2.1）得：

$$K_{不} = \frac{(m\alpha c)^m (n\alpha c)^n}{(1-\alpha)c} = \frac{m^m n^n \alpha^{m+n} c^{m+n-1}}{1-\alpha} \tag{2.5}$$

$$\alpha = \frac{A_0 - A}{A_0} \tag{2.6}$$

在转折点处可以求得 m 和 n，吸光度 A 可以从实验中测得，而 A_0 值可以用外推法求得，所以可根据上式计算，求得 $K_{不}$ 值。

当 $m=n=1$ 时，即生成 MR（M：R=1：1）配合物，将式（2.6）代入式（2.5）则：

$$K_{不} = \frac{\alpha^2 c}{1-\alpha} = \frac{(1-A/A_0)^2 c}{A/A_0} \tag{2.7}$$

图 2.4（b）为等摩尔连续变化法测定 CK-16 与盐酸反应的配位比，其中 $c_{CK-16} + c_{盐酸} = 8\times10^{-5}$ mol/L，由图可知，配合物吸光度最高点所对应的横坐标即盐酸的摩尔分数为 0.6 时为配合物的组成，$\frac{c_{盐酸}}{c_{CK-16}} = 1.5$，配位比为 1.5，这可能是由于以盐酸乙醇溶液标定导致 CK-16 浓度降低。图 2.4（c）中 $c_{CK-16} + c_{草酸} = 2\times10^{-4}$ mol/L，草酸的摩尔分数约为 0.49 时为配合物的组成，$\frac{c_{草酸}}{c_{CK-16}} = 0.96\approx1$，即配位比为 1。图 2.4（d）中 $c_{CK-16} + c_{邻苯二甲酸} = 4\times10^{-4}$ mol/L，邻苯二甲酸的摩尔分数为 0.51 时为配合物的组成，$\frac{c_{邻苯二甲酸}}{c_{CK-16}} = 1.04\approx1$，即配位比为 1。

除上述酸外，实验中还考察了双酚 A、水杨酸、硼酸、酒石酸、乙酸与 CK-16 的显色，但效果均不理想，不能作为实际应用中的显色剂。

2.1.3　CK-16 与金属离子的显色反应

图 2.5（a）中 CK-16 浓度为 2×10^{-5} mol/L，曲线 1～6 对应的 Al^{3+} 浓度依次为 0、2×10^{-5} mol/L、1×10^{-4} mol/L、2×10^{-4} mol/L、4×10^{-4} mol/L、1×10^{-3} mol/L。随着 Al^{3+} 浓度的增大，配合物在 535nm 处的吸光度逐渐增强，当 Al^{3+} 浓度达到 2×10^{-4} mol/L（即 CK-16 浓度的 10 倍）后，吸光度增加不再明显，说明此时 Al^{3+} 与 CK-16 完全反应，其摩尔吸收系数为 4.112×10^4 L/(mol·cm)。图 2.5（b）中 CK-16 浓度为 2×10^{-5} mol/L，曲线 1～6 对应的 Fe^{3+} 浓度依次为 0、2×10^{-5} mol/L、4×10^{-5} mol/L、1×10^{-4} mol/L、2×10^{-4} mol/L、4×10^{-4} mol/L。当 Fe^{3+} 浓度达到 1×10^{-4} mol/L（即 CK-16 浓度的 5 倍）后，吸光度增加不再明显，说明此时 Fe^{3+} 与 CK-16 完全反应，其摩尔吸收系数为 3.834×10^4 L/(mol·cm)。图 2.5（c）中

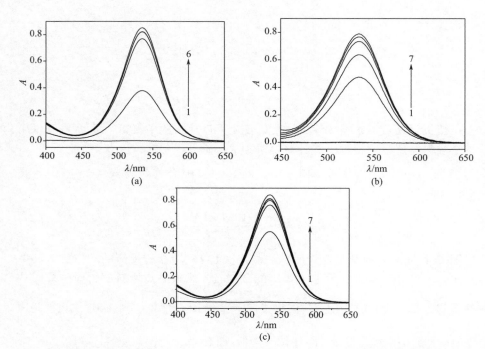

图2.5　CK-16与Al³⁺（a）、Fe³⁺（b）、Sn⁴⁺（c）相互作用的吸收光谱

CK-16 浓度为 2×10^{-5}mol/L，曲线 1～6 对应的 Sn^{4+} 浓度依次为 0、2×10^{-5}mol/L、4×10^{-5}mol/L、8×10^{-5}mol/L、1×10^{-4}mol/L、1.6×10^{-4}mol/L、2×10^{-4}mol/L。当 Sn^{4+} 浓度达到 8×10^{-5}mol/L（即 CK-16 浓度的 4 倍）后，吸光度增加不再明显，说明此时 Sn^{4+} 与 CK-16 完全反应，其摩尔吸收系数为 4.238×10^4L/(mol·cm)。可见 Al^{3+} 的显色效果很好，Fe^{3+} 的显色效果较好但不及 Al^{3+}。Sn^{4+} 的显色效果很好，与 Al^{3+} 相当。

　　图 2.6（a）为等摩尔连续变化法测定 Al^{3+} 与 CK-16 反应的配位比，其中 $c_{CK\text{-}16}+c_{Al}{}^{3+} = 5\times10^{-5}$mol/L。由图 2.6（a）可知，吸光度最大时所对应的横坐标即 Al^{3+} 摩尔分数为 0.51，计算得 $\dfrac{c_{Al^{3+}}}{c_{CK\text{-}16}}=1.04\approx1$，即配位比为 1。由图可知，$A_0=0.76$，$A=0.69$，$\alpha=0.092$，$A$ 最大时配合物浓度 $c=2.5\times10^{-5}$mol/L，代入

$$K_{\text{不}}=\frac{\alpha^2 c}{1-\alpha}=\frac{(1-A/A_0)^2 c}{A/A_0}$$，得 $K_{\text{不}}=2.33\times10^{-7}$mol/L。

　　图 2.6（b）中 $c_{CK\text{-}16}+c_{Fe}{}^{3+}=5\times10^{-5}$mol/L。吸光度最大时所对应的横坐标即 Fe^{3+} 摩尔分数为 0.51，计算得 $\dfrac{c_{Fe^{3+}}}{c_{CK\text{-}16}}=1.04\approx1$，即配位比为 1。$A_0=0.75$，$A=0.65$，$\alpha=0.133$，$A$ 最大时配合物浓度 $c=2.5\times10^{-5}$mol/L，$K_{\text{不}}=5.10\times10^{-7}$mol/L。

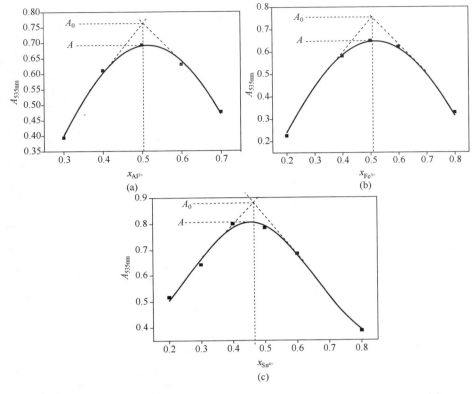

图2.6　CK-16与Al³⁺（a）、Fe³⁺（b）、Sn⁴⁺（c）反应配位比的测定

图 2.6（c）中 $c_{CK-16}+c_{Sn^{4+}}$ =5×10⁻⁵mol/L。吸光度最大时所对应的横坐标即 Sn⁴⁺ 摩尔分数为 0.47，计算得 $\dfrac{c_{Sn^{4+}}}{c_{CK-16}}$ = 0.89 ≈ 1，即配位比为 1。A_0=0.88，A=0.81，α=0.079，A 最大时配合物浓度 c=2.5×10⁻⁵mol/L，$K_{不}$=1.69×10⁻⁷mol/L。

比较不同显色剂对 CK-16 的紫外可见吸收光谱可知，CK-16 在 534nm 处有一个微弱的吸收峰。对不同显色剂而言，当加入不同浓度的显色剂之后，其对 CK-16 吸收光谱影响的趋势是相同的。即随着显色剂浓度的提高，534nm 附近的吸光度均逐渐增强。这是因为路易斯酸或有机酸作用于 CK-16 后，使得其分子结构发生改变，分子结构从 sp³ 杂化状态变为 sp² 杂化，形成一个大的共轭平面，从而产生了很强的紫外吸收。虽然以上显色剂均与 CK-16 发生了反应，但作用强弱却差异很大，通过实验可初步得出：对于金属离子，显色性能最好的为 Fe³⁺；对于酸，显色效果最好的为草酸。

2.1.4　CK-16 显色反应的影响因素

2.1.4.1　表面活性剂对 CK-16 显色的影响

由图 2.7 可知，盐酸与 CK-16 的显色效果最好，考虑到显色后的色料用于笔墨材料，而笔墨大部分都有表面活性剂成分，在此考察不同类型表面活性剂对其显色的影响。

将 CK-16 和盐酸显色后，加入不同量的阳离子表面活性剂十六烷基三甲基溴化铵（CTAB）后的吸光度变化如图 2.7（a）所示。由图 2.7（a）可知，十六烷基三甲基溴化铵的加入对 CK-16 与盐酸的显色几乎没有影响，说明彼此没有竞争反应，实际应用中可以选择阳离子表面活性剂。

对于阴离子表面活性剂十二烷基苯磺酸钠（DBS），由图 2.7（b）可知，随着 DBS 的加入，配合物在可见区的吸光度逐渐降低，当 DBS 浓度达到 $7×10^{-5}$mol/L 时，体系颜色基本消失，说明 DBS 和 CK-16 存在严重的竞争反应，DBS 显碱性中和了显色剂颜色，使 CK-16 回到无色内酯结构。

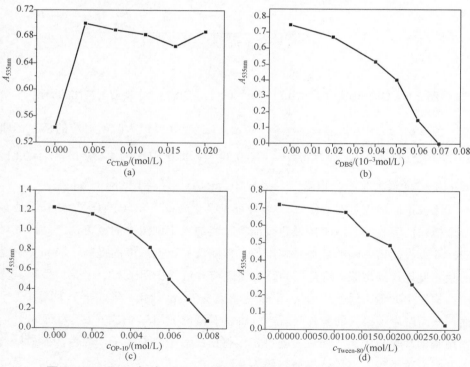

图 2.7　CTAB（a）、DBS（b）、OP-10（c）、Tween-80（d）

对 CK-16 与盐酸显色的影响

对于非离子表面活性剂 OP-10 和 Tween-80，如图 2.7（c）、图 2.7（d）所示，随着非离子表面活性剂 OP-10 和 Tween-80 的加入，535nm 处的吸收逐渐减小，直至几乎为零，这说明非离子表面活性剂可以夺得体系中的质子，可能是由于非离子表面活性剂结构中存在多个吸氢位置，导致有色配合物逐渐解离褪色。

2.1.4.2　光照对 CK-16 显色稳定性的影响

将 CK-16 与盐酸、草酸、邻苯二甲酸按照一定比例显色后分成三份，分别置于日光、紫外灯和高压汞灯下照射，隔一定时间测定其吸光度的变化，考察其耐光性。由图 2.8 可知，相同时间内，三种光照对配合物稳定性的影响大小顺序为高压汞灯>紫外灯>日光，说明色素在紫外线下褪色降解，其耐光性不理想，使用中可加入紫外线吸收剂加以改善。

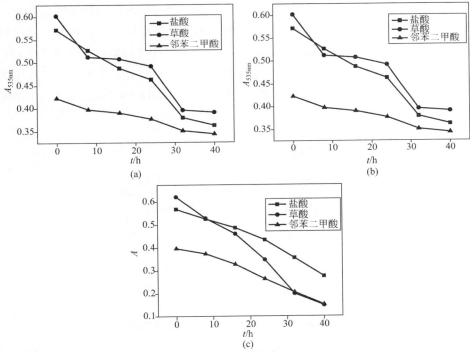

图 2.8　日光（a）、紫外灯（b）、高压汞灯（c）对配合物稳定性的影响

2.1.4.3　温度对 CK-16 显色的影响

将 CK-16 和金属离子按摩尔比 1：5 显色后，稀释 10 倍，分为 7 份分别置于不同温度下半小时，待冷却到室温后，测定其吸光度的变化，如表 2.1 所示。由表 2.1 可知，CK-16 与金属离子显色后吸光度基本不随温度的变化而变化，微小的变化可能是由仪器重复性不佳或者加热时比色管的盖子松动导致的乙醇

挥发所致,说明配合物耐热/冷性较好,使用不受温度限制,扩大了其使用范围。

表 2.1　温度对 CK-16 和金属离子显色的影响

温度/℃	−10	4	30	40	50	60	70
A(CK-16+Al^{3+})	1.231	1.212	1.236	1.223	1.230	1.250	1.254
A(CK-16+Fe^{3+})	0.917	0.893	0.930	0.922	0.919	0.939	0.937
A(CK-16+Sn^{4+})	0.906	0.976	0.988	0.932	0.916	0.904	0.922

图 2.9 显示了温度对不同显色剂与 CK-16($5×10^{-5}$mol/L)吸收光谱的影响。其中,草酸浓度为 $8.0×10^{-4}$mol/L,T(℃)= 0,10,15,25,35,45,55;Fe^{3+}浓度为 $2.0×10^{-5}$mol/L,T(℃)=0,10,15,20,30,40,50。用两种显色剂显色后,二者的变化规律均一致,即随着温度的增加,吸光度逐渐降低。当显色剂为草酸时,在加热过程中,为其与乙醇发生酯化反应提供了条件,从而使得体系中与 CK-16 反应的草酸的量减少,进而使得吸光度降低,体系颜色变浅;当显色剂为 Fe^{3+}时,因为在较高的温度下,金属离子的聚集度增加[12],从而使其进攻 CK-16 的位阻效应增大,最终导致作用于 CK-16 的配体数减少,从而使得吸光度降低,颜色变浅。

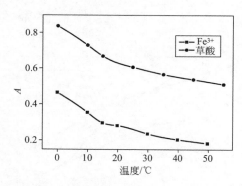

图 2.9　温度对不同显色剂与 CK-16 吸收光谱的影响

2.1.4.4　时间对 CK-16 显色的影响

图 2.10 中 CK-16 浓度为 $5×10^{-5}$mol/L,t(min)=5,10,15,20,25,30,60,90,120;草酸浓度为 $8.0×10^{-4}$mol/L;Fe^{3+}浓度为 $2.5×10^{-5}$mol/L。通过对比可知,用两种显色剂显色后,体系均比较稳定。当显色剂为草酸时,显色半小时后,色料即保持稳定,吸光度不再发生改变;当显色剂为 Fe^{3+}时,随着时间的推移,色料的吸光度发生微弱的增强,但变化基本不是很大。

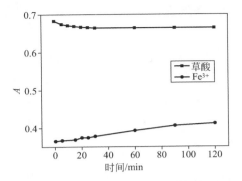

图 2.10　时间对不同显色剂与 CK-16 吸收光谱的影响

2.1.4.5　pH 对 CK-16 显色的影响

用 HCl 与 NaOH 溶液调节溶液的 pH 值，图 2.11 中 CK-16 浓度为 $5×10^{-5}$mol/L，草酸浓度为 $6.0×10^{-4}$mol/L，pH=1.18，2.25，3.06，4.00，4.95，6.06，7.21，8.13；Fe^{3+} 浓度为 $2.0×10^{-5}$mol/L，pH=1.25，2.15，3.22，4.25，4.96，6.01。通过对比可知，用两种显色剂显色后，随着 pH 的增加，两种体系吸光度的下降程度均比较显著，当 pH 接近中性时，两种体系的吸光度均接近于零，整个体系变为无色状态，因此可以实现在中性或弱碱性条件下褪色。这是由于当显色剂为草酸时，随着 pH 的增加，体系中与 H^+ 反应的 OH^- 增多，从而使得作用于 CK-16 的草酸的量减少，故吸光度逐渐下降；当显色剂为 Fe^{3+} 时，随着 pH 的增加，Fe^{3+} 用于生成沉淀的量也逐渐增多，同理体系吸光度也逐渐降低。

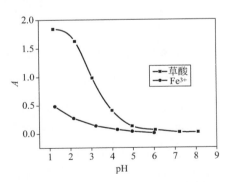

图 2.11　pH 对不同显色剂与 CK-16 吸收光谱的影响

2.1.4.6　水含量对 CK-16 显色的影响

由于在 pH 接近中性时，CK-16 与显色剂的作用能力显著降低，体系颜色也呈无色，因此本实验的目的是研究在水环境下体系会有怎样的变化，希望能为 CK-16 在有效、经济环保的应用领域中提供一定的理论指导。

图 2.12 中 CK-16 浓度为 5×10^{-5}mol/L，草酸浓度为 4.0×10^{-4}mol/L，$x_{H_2O} = 4\%$，8%，12%，16%，20%，24%，32%，40%，42%，44%，46%，48%，50%；Fe^{3+}浓度为 2.0×10^{-5}mol/L，$x_{H_2O} = 0$，4%，12%，20%，32%，40%，44%，50%，60%。当用草酸作显色剂时，随着水含量的增加，体系的吸光度会呈现一个逐步增强的效果，当水含量达到 50%时吸光度才开始降低，体系开始褪色。而测量其不同水含量体系的 pH 值，可以发现，体系的 pH 值先增大后减小，这与单独在乙醇溶液中测定 pH 的影响结果不同。这是因为草酸在乙醇中比在水中的电离度要小很多，当体系中的水含量在 42%之内时，随着水含量的增加，草酸电离出的 H^+ 逐渐增加，用于与 CK-16 反应的 H^+ 也逐渐增多，体系中剩余的 H^+ 的量逐渐减少，因此体系的 pH 值会显著的增大；当体系中的水含量在 42%～48% 时，草酸的电离度进一步增大，草酸电离出的 H^+ 的量进一步增多，体系中剩余的 H^+ 的量也逐渐增多，因此体系的 pH 值开始逐渐减小；当体系中的水含量高于 50% 时，虽然体系中 H^+ 的量越来越大，但由于 CK-16 不溶于水，其在乙醇-水体系中的溶解度达到饱和，因而开始析出，体系颜色逐渐变浅，开始褪色。

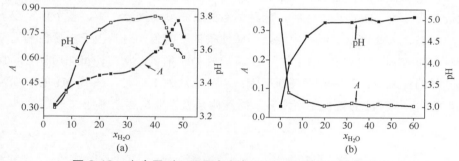

图 2.12　水含量对不同显色剂与 CK-16 吸收光谱的影响

显色剂（a）草酸；（b）Fe^{3+}

用 Fe^{3+}作显色剂时，当体系中含有水时，吸光度即发生显著的降低，此时肉眼可观察到体系的颜色接近无色，这是由于当体系中含有 H_2O 时，H_2O 电离出的 OH^- 要比乙醇电离出的 OH^-多，因此 Fe^{3+} 在乙醇-水体系中要比在乙醇体系中更容易发生水解生成 $Fe(OH)_3$，从而使得体系中与 CK-16 反应的 Fe^{3+} 的量减少，进而使体系的吸光度降低，发生褪色。综上所述，当用 Fe^{3+} 作显色剂时，体系实现用水褪色更加灵敏、快速。

2.1.5　小结

采用 UV-Vis 吸收光谱研究了 CK-16 与盐酸、草酸、邻苯二甲酸和 Al^{3+}、

Fe^{3+}、Sn^{4+} 的显色反应，用等摩尔连续变化法测定了配合物的配位比和不稳定常数，并考察了不同类表面活性剂、光照及温度对其显色的影响。结果表明：各种酸显色剂中盐酸显色最好，其摩尔吸收系数可达 $1.976 \times 10^4 L/(mol \cdot cm)$；$Al^{3+}$、$Fe^{3+}$、$Sn^{4+}$ 三种离子的显色效果均比较好，摩尔吸收系数分别为 5.500×10^4 $L/(mol \cdot cm)$、$4.885 \times 10^4 L/(mol \cdot cm)$、$5.780 \times 10^4 L/(mol \cdot cm)$，且比盐酸的更大；所形成的配合物的配位比均为 1∶1，其中 CK-16 和 Sn^{4+} 的配合物不稳定常数最小，即最稳定；其他的酸如双酚 A、水杨酸、硼酸、酒石酸、乙酸和其他离子如 Mg^{2+}、Ca^{2+}、Zn^{2+}、Cu^{2+}、Co^{2+}、Ni^{2+} 与 CK-16 的显色效果均不理想。阴离子表面活性剂和非离子表面活性剂对 CK-16 与盐酸的反应有脱色作用，而阳离子表面活性剂无影响；配合物的耐光性不理想，但耐温度性较好，实际应用中可通过加入紫外线吸收剂加以改善。

2.2　酚酞的显色反应

酚酞的化学名称为 3,3-(对羟苯基)苯酞，是一种常见的酸碱指示剂。酚酞为白色的细小晶体，分子式为 $C_{20}H_{14}O_4$，其结构如图 2.13 所示，它能够由邻苯二甲酸酐和苯酚在脱水剂存在的条件下加热到 120℃左右进行缩合而制得[31]，合成路线见图 2.14。

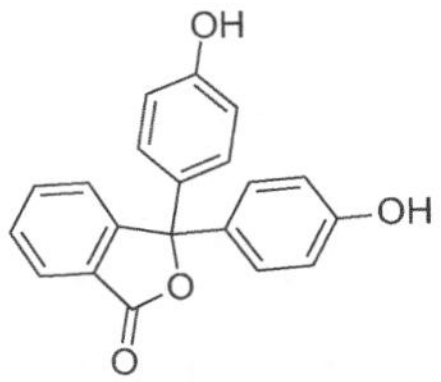

图 2.13　酚酞的结构

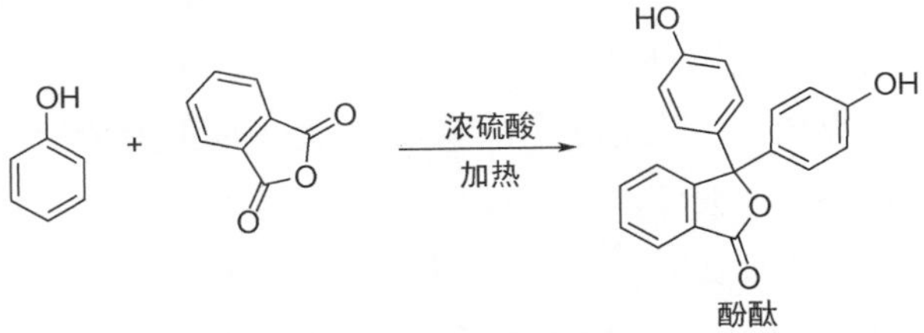

图 2.14　酚酞的合成

酚酞属于苯酞型隐色染料，3,3-二(4-二甲氨基苯基)苯酞[32]（孔雀石绿内酯）和 6-二甲氨基-3,3-二(4-二甲氨基苯基)苯酞（结晶紫内酯）是这一类型染料中的代表[33]。对苯酞染料体系的原理已有深入的研究[34,35]，图 2.15 是结晶紫内酯的显色反应过程。在以无色苯酞（显色剂或染料前驱体）作为电子供体、显影剂作为电子受体的反应中，苯酞的内酯环可逆开环，生成共振稳定的阳离子染料[36]。

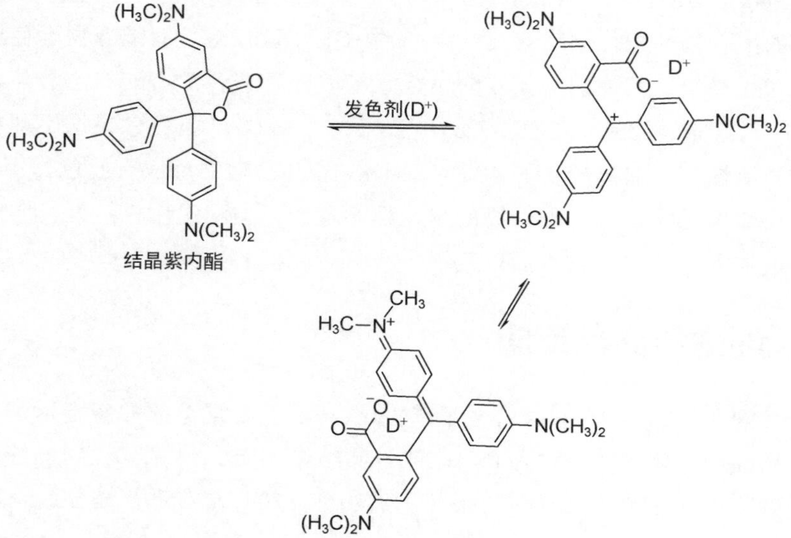

图 2.15　结晶紫内酯的显色反应

　　酚酞作为一种弱有机酸，当 pH>8.2 时为红色的醌式结构，当 pH<8.2 时为无色的内酯式结构。酚酞的醌式或醌式酸盐，在碱性介质中十分不稳定，会逐渐转化成无色的羧酸盐式；遇到较浓的碱液，会立即转变成无色的羧酸盐式[37]。因此在酚酞试剂中滴入浓碱液时，酚酞开始变红，很快红色褪去变成无色。酚酞在酸碱中的变化见表 2.2。酚酞结构由强碱到强酸环境，越来越质子化。酚酞溶液在不同酸碱环境下的结构不同，但是只有在强酸环境与碱性环境才会显现出颜色。这是由于在这两种条件下中心的碳原子是 sp² 杂化，所有的碳原子都在同一平面上，形成整个大分子的大离域 π 键（在强酸环境下是 19 中心 18 电子的 π 键，碱性环境下是 19 中心 19 电子的 π 键）。

　　酚酞是一种制药工业医药原料，适用于治疗便秘，有片剂、栓剂等多种剂型；酚酞也可以用于有机合成，用于合成塑料，特别是用于合成二氮杂萘酮、聚芳醚酮类聚合物，由于合成的此类聚合物具有优良的耐水性、耐热性、耐热老化性、耐化学腐蚀性和良好的加工成型性，由其制成的涂料、纤维及复合材料等材料能够广泛应用于电子电器、宇航、交通运输、原子能工程和军事等领域。

表 2.2　酚酞在酸碱中的变化

种类	H_3In^+	H_2In	In^{2-}	$InOH^{3-}$
结构	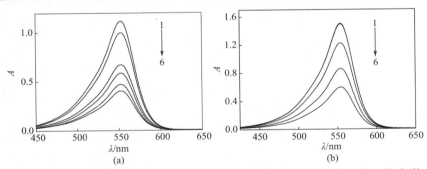			
pH	<0	0～8.2	8.2～12.0	>12.0
条件	强酸	酸性-近中性	碱性	强碱
颜色	橘红	无色	粉红-紫红	无色

通过最大吸收波长的测定和浓度-吸光度关系曲线的研究酚酞显色反应的影响因素。图 2.16（a）为酚酞在不同浓度的三乙醇胺下的吸收光谱，酚酞的浓度为 $1×10^{-4}$mol/L，曲线 1～6 对应的三乙醇胺浓度依次为 $2×10^{-4}$mol/L、$5×10^{-4}$mol/L、$1×10^{-3}$mol/L、$2×10^{-3}$mol/L、$4×10^{-3}$mol/L、$8×10^{-3}$mol/L。由图 2.16（a）可知，三乙醇胺存在下，酚酞的最大吸收波长为 560nm，随着三乙醇胺浓度的增大，酚酞在可见光范围的最大吸收峰位置不变，但吸收强度逐渐减小。主要原因为，三乙醇胺能够消耗一部分氢氧化钠，使其吸光度变小。

图 2.16　酚酞在不同浓度的三乙醇胺（a）及不同温度（b）下的吸收光谱

类似地，在硫代硫酸钠溶液中，酚酞的最大吸收波长在 560nm 处。随着硫代硫酸钠浓度的增大，最大吸收峰位置不变，吸光度基本不变。在羧甲基纤维素钠存在下，随着羧甲基纤维素钠浓度的增大，酚酞的最大吸收峰位置不变，吸光度基本不变。这说明羧甲基纤维素钠对酚酞的显色的影响不大。在五水偏硅酸钠存在下，随着五水偏硅酸钠浓度的增大，最大吸收峰位置不变，吸光度变大。在表面活性剂 OP-10 存在下，随着 OP-10 浓度的增大，酚酞在可见光范围的最大吸收峰位置不变，吸收强度变小，当浓度增加到 8×10^{-3} mol/L 后，吸光度基本为零。在甘油存在下，随着甘油的增大，酚酞最大吸收峰位置不变，吸收强度逐渐减小。这是因为甘油具有三个羟基能够消耗一定量的氢氧化钠。

图 2.16（b）为酚酞在不同温度下的吸收光谱，酚酞的浓度为 1×10^{-4} mol/L，曲线 1～6 对应的温度依次为 15℃、25℃、35℃、45℃、55℃、65℃。由图 2.16（b）可知，酚酞的最大吸收波长为 560nm，随着温度的升高，最大吸收峰的位置不变，吸收强度逐渐减小。

参考文献

[1] Adams C S. 3, 3-Bis(4-dimethylaminophenyl)-6-dimethylaminophthalide. US2417897, 1947.

[2] Guyot A, Pignet P. Contribution to the Study of Amino Derivatives of *o*-Dibenzoylbenzene. Compt Rend, 1908(146): 984-987.

[3] Kanzaki. Triphenylmethane derivatives. JP52107026, 1977 .

[4] Miyake. Color formers. JP52108965, 1977.

[5] 于永, 高艳阳. 三芳甲烷苯酞类可逆热致变色材料. 化工技术与开发, 2006, 35(10): 26-29.

[6] 张宝砚, 李远明, 姜功臣, 王晓光. 以孔雀绿内酯为变色剂的可逆示温涂料的研究. 化工新型材料, 1996(10): 37-38.

[7] 陈继娴, 曹丽云. 国产结晶紫内酯. 上海造纸, 1987(2): 51-56.

[8] 唐方辉, 刘东志. 无碳复写纸用压热敏染料. 信息记录材料, 2004, 5(1): 31-33.

[9] 崔晓亮, 张宝砚, 孟凡宝, 等. 一种可逆热致变色材料的制备及微胶囊化研究. 合成树脂及塑料, 2002, 19(3): 24-27.

[10] 杨旭. 结晶紫内酯微胶囊的制备及变色性能研究. 苏州: 苏州大学, 2009.

[11] 郭凤芝, 安苗, 黄玉丽. 变色染料/壳聚糖微胶囊的制备研究. 北京服装学院学报, 2009, 29(2): 53-29.

[12] 吴落义, 胡智荣, 李玉书, 等. 低温可逆变色微胶囊的制备及其在水性涂料中的应用研究. 涂料工业, 2002, 32(12): 17-19.

[13] Ahela K. Colorimetric properties of reversible thermochromic printing inks. Dyes and Pigments, 2010, 86(3): 271-277.

[14] 张惠田. 记录方式中使用的染料. 天津化工, 1987(2): 53-54.

[15] 穆萨拉. 隐色体染料化学与应用. 董川, 双少敏, 译. 北京: 化学工业出版社, 2010:

77.

[16] Garner R, Duennenberger M. 3,3-Di(3-indolyl)phthalides as dyes for copying papers. DE2257711, 1973.

[17] 唐方辉, 刘东志. 无碳复写纸用压热敏染料. 信息记录材料, 2004, 5(1): 31-33.

[18] 卜念珍. 无碳复写纸的发展和进步. 中华纸业, 2000, 21(6): 18-2.

[19] 陈京环, 刘文波, 于钢. CF 纸显色剂技术进展及涂料制备. 黑龙江造纸, 2006, 34(1): 28-30.

[20] Krishnan A V, Stathis P, Permuth S F, et al. Bisphenol-A: an estrogenic substance is released from polycarbonate flakes during autoclaving. Endocrinology, 1993, 132(6): 2279-2286.

[21] 段祥民, 曹丽云. 热敏纸显色剂 PHBB 及其合成. 上海造纸, 1989(2): 18-21.

[22] 黄继泰, 戴劲草. 活性白土对结晶紫内酯的发色稳色效应. 华侨大学学报: 自然科学版, 1994, 1(3): 285-288.

[23] 莫文生. 无碳复写纸显色剂用活性膨润土研究. 非金属矿, 2011, 24(6): 29-30.

[24] Zhu C F, Wu A B. Studies on the synthesis and thermochromic properties of crystal violet lactone and its reversible thermochromic complexes. Thermochimica Acta, 2005(425): 7-12.

[25] Hojo M, Ueda T, Inoue A, et al. Interaction of a practical fluoran-based black color former with possible color developers, various acids and magnesium ions, in acetonitrile. J Mol Liq, 2009, 148(2): 109-113.

[26] Kabashima K, Kobayashi H, Iwaya T. Color heat-sensitive recording paper comprising novel urea-urethane compound as developer. US20010044553, 2001.

[27] Shinya M, Sakiko T, Saori S, et al. The crystal structure of two new developers for high-performance thermo-sensitive paper: H-bonded network in ureaeurethane derivatives. Dyes Pigments, 2010, 85(3): 139-142.

[28] Hojo M, UedaT, Yamasaki M. ^{1}H and ^{13}C NMR detection of the carbocations or zwitterions from rhodamine B base, a fluoran-based black color former, trityl benzoate, and methoxy-substituted trityl chlorides in the presence of alkali metal or alkaline earth metal perchlorates in acetonitrile solution. Bull Chem Soc Jpn, 2002, 75(7): 1569-1576.

[29] 董川, 孙琳琳, 周叶红, 等. 可水解褪色的彩色墨水: CN102964924A, 2013.

[30] Luthern J, PeredesA. Determination of the stoichiometry of a thermochromic color complex via Job's method. J Mater Sci Lett, 2000(19): 185-188.

[31] 王俊谦, 赵羽. 酚酞的合成及应用. 山西化工. 1986(2): 9-10.

[32] Venkataraman K. The chemistry of synthetic dyes. Vol 2. New York: Academic Press, 1952.

[33] Lubs H A, The chemistry of synthetic dyes and pigments, American Chemical Society Monograph Series. New York: Reinhold, 1955.

[34] Witterholt V G. Encyclopedia of Chemical Technology. 2nd ed, Vol 20. New York: Wiley, 1969.

[35] Banister D, Elliott J. Encyclopedia of Chemical Technology. 3rd ed, Vol 23. New York: Wiley, 1983.

[36] Zollinger H. Color Chemistry. New York: VCH, 1987: 59.

[37] Bychkov N N, Milakov V V, Lavrov D V, Stepanov B I. Reaction of diarylmethane dye leuco compounds with triphenylcarbenium perchlorate. Zh Org Khim, 1987, 23(7): 1516.

第3章 荧烷染料的显色反应

3.1 荧烷染料概述

荧烷类染料是压/热敏染料的第三代产品，具有灵敏度高、发色密度大、色谱齐全[1]等优点，广泛应用于无碳复写纸[2,3]、示温材料[4,5]、纺织印花[6,7]及分析测试[8-10]等方面。荧烷染料本身为无色或浅色粉末，在显色剂存在下就会发生内酯环开环，中心碳原子由 sp³ 杂化变为 sp² 杂化，分子共平面性增加，体系共轭程度增大，形成大 π 键而使吸收红移，显现颜色[11]。因而显色剂的选择至关重要，要求白度好，发色速度快，发色浓度高，价格低廉，制造方便，耐水性好[12]。

到目前为止，对荧烷类染料的研究主要有两大方向，一个方向是合成新的荧烷化合物及其中间体，最核心的就是改变荧烷染料母体环上与氨基所连的两个取代基。在荧烷类母体的氨基上引入不同的取代基团可以分别得到颜色和性能各异的荧烷衍生物。尤其是能得到人们最希望的直接发黑色的压/热敏染料[13]。Shen[14]等分别合成了黑色、绿色和红色三个系列的荧烷染料，且产率和纯度较高。其中，以黑色荧烷的应用最为广泛。据报道，在荧烷的 3 位引入—CH₃ 和—Cl 取代基，或改变 6′-位氨基的取代基，都能产生黑色的荧烷化合物[15-18]。潘建林等[19]在荧烷的 3 位引入—Cl 取代基，合成了黑色的 3-二乙氨基-7-(2′-氯苯氨基)荧烷（FH-101）。Patel 等[20,21]合成了 3,6-二取代有色荧烷，在有机溶剂中具有良好的溶解性。Yanagita[22]合成了一种新型荧烷化合物，是在氧杂蒽环的 6 位引入对-(N,N-二丁基氨)苯氨基，使该化合物具有独特的光谱特性，有望成为新型功能性隐色体染料的基本骨架。另一个主要研究方向则为在新的研究领域拓展荧烷染料新的应用价值。例如在油墨、墨水以及书写材料领域的新尝试。Naito 等[23]发明了可重写的彩色记录媒体，该媒体包括无色的荧烷染料和具有长链烷基的联苯显影剂，常温下该媒介记录是有色的，当加热图像时，体系存在玻璃化转变，在一定温度时分子发生重排，形成晶体结构，从而使得体系呈现无色，因此通过温度的变化，可实现重复书写。董川等[24]则利用荧烷染料发明了儿童可褪色墨水。

最早的显黑色压敏纸是用绿、红、黄等染料复合而成的，但是由于各种染料的发色速度和耐光性不同，使用时（发色时）和保存过程中色调会发生变化[25-27]。荧烷类压/热敏染料能单独发黑色，且黑色染料制成的记录材料具有优良的静电再复制性能，既可用于压敏纸，又可用于热敏纸，因此荧烷类染料是目前国际上使用最广、品种最多、最有前途的一类压/热敏变色染料[28]。荧烷染料呈单一的黑色，是由于它们与显色剂反应后，在可见光范围内产生两个互补的吸收峰[29]，这两个吸收峰分别位于 590nm（蓝色）和 455nm（黄色）处，但往往由于两个吸收峰值不等，因此在发黑色的同时带有绿光或红光。

Hojo 等[30]用紫外-可见光谱法和核磁共振法，研究了碱金属及碱土金属离子作为路易斯酸，使荧烷染料发生开环反应显色以及褪色的反应。在反应过程中，荧烷分子中心的内酯环被开裂，构成大的 π 共轭结构，分子共平面性大大增强，形成了黑色的配合物。相同条件下，加入不同种类的金属离子，配合物的吸收光谱会发生改变，形成的配合物的颜色不同。

随着技术的进步，显色剂也在不断改进[31-35]。对荧烷染料显色剂的研究主要关注温度等外界条件对其显色的影响，以及显色剂的内部结构变化对固色所产生的作用[36-38]。研究表明，荧烷染料的显色剂需要具备提供质子的能力，而形成氢键的化合物能够提供质子，因此含氢键的数目可以成为选择合适显色剂的依据[39-42]。也有研究对现有发色剂做改性，进一步增强其发色效果。

除了合成与应用领域的发展，对荧烷染料的结构分析以及对紫外线的检测方法等也在不断发展。Kaburagi 等[43]利用荧烷染料，多聚糖、显色剂以及溶剂二丙醇发明了纳米级的可通过视觉观察染料颜色变化来指示紫外线含量的固体膜装置。Okada 等[44]则利用 X 射线对四种荧烷染料及其显色剂结合前后的结构变化进行了原子电荷分析和晶体结构分析。Yanagita 等[45,46]研究了荧烷氧杂蒽母体环上不同取代基所产生的位阻效应对荧烷类染料吸收光谱的影响。

3.2　荧烷紫 CK-7 的显色反应

随着取代基的不同，荧烷化合物可呈现颜色范围较宽的谱带。苯并荧烷随着共轭体系的增大会发生红移，此时再连接一个芳氨基会使红移程度进一步增大[47]。10′-(4-甲氧基苯氨基)苯并螺[异苯并呋喃-1,9′-氧化蒽]-3-酮（即 CK-7），简称为荧烷紫，其显色反应如图 3.1 所示。

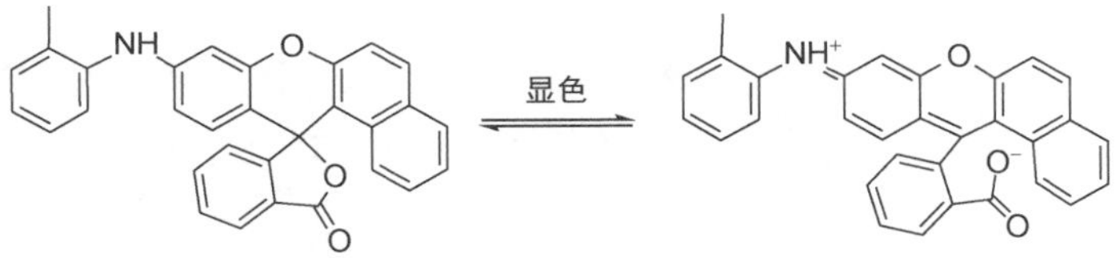

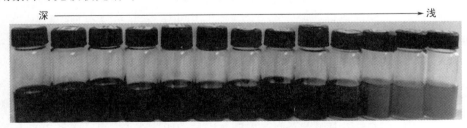

图 3.1　CK-7 的显色反应

目前有关 CK-7 的研究报道很少，其应用见于一篇用于染纤维的专利[48]以及董川等发明的可水解褪色的彩色墨水[49]，对 CK-7 的深入理论研究具有重要意义。

3.2.1　不同显色剂对 CK-7 的显色效果比较

于 13 个样品瓶中，分别加入 0.1g CK-7，然后在其中 12 个瓶中分别加入质量均为 0.1g 的 $FeCl_3$、草酸、$CuCl_2$、水杨酸、$ZnCl_2$、邻苯二甲酸、没食子酸、酒石酸、柠檬酸、双酚 A、硼酸、$MgCl_2$，剩余的一个样品瓶做对照。最后在所有的样品瓶中加入 5mL 无水乙醇后，均放入 KQ-100E 超声波清洗器中进行超声溶解，待完全溶解后取出，观察 CK-7 对各种显色剂选择性显色的深浅程度。

CK-7 是一种苯酞荧烷染料，当助色团进攻吸电子基团 N—时，π 电子云发生迁移，从而使得苯酞环断裂，同时也使得原来不共平面的体系共平面，进而显色。因此在显色剂的选取上，选择了一系列的有机弱酸和金属离子。由于不同显色剂与 CK-7 的作用能力不同，因此设计了上述定性实验，在乙醇溶剂中比较不同显色剂与 CK-7 作用的强弱。如图 3.2 所示，目视可以分辨出前四个样品瓶比其他样品瓶颜色深得多，即 $FeCl_3$、草酸、$CuCl_2$、水杨酸的显色效果明显优于其他显色剂，初步说明 CK-7 对这四种显色剂的选择性较好。之后将利用紫外可见吸收光谱对 CK-7 的显色性能进行详细的定量研究。

深 ⎯⎯⎯⎯⎯⎯⎯⎯⎯⎯⎯⎯⎯⎯→ 浅

图 3.2　无水乙醇中不同显色剂对 CK-7 显色的影响

显色剂从左到右依次为：$FeCl_3$，草酸，$CuCl_2$，水杨酸，$ZnCl_2$，邻苯二甲酸，
没食子酸，酒石酸，柠檬酸，双酚 A，硼酸，$MgCl_2$，对照品

3.2.2　CK-7 与酸的显色反应

图 3.3 为 CK-7 中加入不同浓度 HCl 后的吸收光谱，其中 CK-7 的浓度为 $5×10^{-6}$g/mL，曲线 1~7 对应的 HCl 浓度依次为 0、$1×10^{-6}$g/mL、$2×10^{-6}$g/mL、$5×10^{-6}$g/mL、$1×10^{-5}$g/mL、$5×10^{-5}$g/mL、$1×10^{-4}$g/mL。未加盐酸时，CK-7 在可见区无吸收，为无色体。随着盐酸浓度的增大，CK-7 分子结构发生变化，形成大的共轭体系，π-π*跃迁所需的能量降低，最大吸收位置发生红移，在 580nm 处有较强吸收，形成了紫色配合物。由图 3.3 可知，当盐酸浓度达到 $5×10^{-6}$mol/L 时，即与染料浓度相同时，位于 580nm 处的吸光度达到最大，说明此反应平衡常数较大，其吸收系数为 $1.520×10^{5}$mL/(g·cm)，反应进行得较彻底。再增加盐酸浓度，最大吸收的吸光度无明显变化，此时可认为 CK-7 与盐酸完全反应，即 $5×10^{-6}$g/mL 为此条件下盐酸显色的最佳浓度。

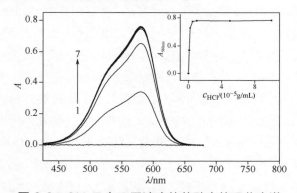

图 3.3　CK-7 在不同浓度的盐酸中的吸收光谱

类似地，当 CK-7 浓度为 $5×10^{-6}$mol/L 时，草酸显色的最佳浓度为 $5×10^{-3}$mol/L，吸收系数为 $1.559×10^{5}$mL/(g·cm)，草酸显色效果逊于盐酸。邻苯二甲酸显色的最佳浓度为 $1×10^{-2}$mol/L，吸收系数为 $1.442×10^{5}$mL/(g·cm)，邻苯二甲酸的显色效果较差。水杨酸显色的最佳浓度为 $5×10^{-2}$mol/L，吸收系数为 $1.254×10^{5}$mL/(g·cm)，其显色效果比邻苯二甲酸更差。硫酸显色的最佳浓度为 $5×10^{-5}$mol/L，吸收系数为 $1.455×10^{5}$mL/(g·cm)，其显色效果较好。

3.2.3　CK-7 与金属离子的显色反应

图 3.4 为在 CK-7 中加入不同浓度的 Al^{3+} 后的吸收光谱，其中 CK-7 的浓度为 $5×10^{-6}$g/mL，曲线 1~8 对应的 Al^{3+} 的浓度依次为 $2.5×10^{-6}$g/mL、$5×10^{-6}$g/mL、$1×10^{-5}$g/mL、$2.5×10^{-5}$g/mL、$4×10^{-5}$g/mL、$5×10^{-5}$g/mL、$1×10^{-4}$g/mL、$2×10^{-4}$g/mL。

由图 3.4 可知，Al^{3+} 的浓度为 CK-7 的一半时便能使吸光度达到 0.498，随着 Al^{3+} 的浓度的增大，配合物在 580nm 处的吸光度逐渐增强，当 Al^{3+} 的浓度达到 1×10^{-5}g/mL（即 CK-7 浓度的 2 倍，$A = 0.735$）后，吸光度增加不再明显，此时吸收系数为 1.47×10^5mL/(g · cm)，说明 Al^{3+} 与 CK-7 完全达到平衡，可见 Al^{3+} 的显色效果非常好。

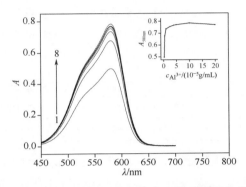

图 3.4　CK-7 中加入不同浓度 Al^{3+} 后的吸收光谱

类似地，当 CK-7 浓度为 5×10^{-6}g/mL 时，Fe^{3+} 最佳显色浓度为 1×10^{-5}g/mL，此时吸收系数为 1.25×10^5mL/(g · cm)，Fe^{3+} 的显色效果比 Al^{3+} 稍差些，但比酸的显色效果都好。Cu^{2+} 最佳显色浓度为 3×10^{-4}g/mL，吸收系数为 1.23×10^5mL/(g · cm)，Cu^{2+} 的显色效果远差于 Al^{3+} 和 Fe^{3+}。Sn^{2+} 最佳显色浓度为 2.5×10^{-5}g/mL，吸收系数为 1.32×10^5mL/(g · cm)，Sn^{2+} 的显色效果比 Cu^{2+} 好，但仍逊于 Al^{3+}。Sn^{4+} 最佳显色浓度为 2.5×10^{-5}g/mL，吸收系数为 1.47×10^5mL/(g · cm)，Sn^{4+} 的显色效果比 Sn^{2+} 好，这是因为 Sn^{4+} 比 Sn^{2+} 带电荷多，能够提供更多的质子，Sn^{4+} 和 Al^{3+} 的显色效果相当。

通过不同显色剂对 CK-7 的紫外-可见吸收光谱的比较发现，CK-7 在 582nm 处有一个微弱的吸收峰。对不同显色剂而言，当加入不同浓度的显色剂之后，其对 CK-7 吸收光谱影响的趋势是相同的，即随着显色剂浓度的提高，582nm 附近的吸光度均逐渐增强。这是因为路易斯酸或有机酸作用于 CK-7 后，使得其分子结构发生改变，分子结构从 sp^3 杂化状态变为 sp^2 杂化，形成一个大的共轭平面，从而产生了很强的紫外吸收。虽然以上显色剂均与 CK-7 发生了反应，但作用强弱却差异很大，通过实验可初步得出：对于金属离子，显色性能最好的是 Fe^{3+}，对于酸来说，显色效果最好的是草酸。

除上述金属离子外，实验还考察了 Mg^{2+}、Ca^{2+}、Zn^{2+}、Co^{2+}、Ni^{2+} 与 CK-7 的反应，其显色效果均很差，不能作为实际应用的显色剂。

3.2.4 表面活性剂对 CK-7 显色的影响

将 CK-7 与盐酸按质量比 1∶2 显色后，依次加入不同量的阳离子表面活性剂十六烷基三甲基溴化铵（CTAB），定容至相同体积，其最大吸收波长吸光度的变化见表 3.1。由表 3.1 可知，十六烷基三甲基溴化铵对 CK-7 与盐酸的显色略有增强作用，但总体不明显，这可能是由于十六烷基三甲基溴化铵分子中带正电荷的氮原子有微弱的吸电子效应，和盐酸形成协同效果所致，可见 CTAB 可作为一种备选表面活性剂。

表 3.1　CTAB 浓度对 CK-7 显色的影响

c_{CTAB}/(g/mL)	0	$5×10^{-4}$	$1×10^{-3}$	$1.5×10^{-3}$	$2×10^{-3}$	$5×10^{-3}$	$1×10^{-2}$
A_{580nm}	0.5557	0.6264	0.6168	0.6224	0.6163	0.6579	0.6622

将 CK-7 与盐酸按质量比 1∶2 显色后，依次加入不同量的阴离子表面活性剂十二烷基磺酸钠和十二烷基硫酸钠，定容至相同体积，其对应的最大吸收波长吸光度 A_1 和 A_2 的变化见表 3.2。由表可知，阴离子表面活性剂对 CK-7 的显色几乎没有影响，说明它们互相没有作用，可用于笔墨的配制。

表 3.2　阴离子表面活性剂浓度对 CK-7 显色的影响

$c_{表面活性剂}$/(g/mL)	0	$4×10^{-5}$	$1×10^{-4}$	$2×10^{-4}$	$3×10^{-4}$	$4×10^{-4}$	$8×10^{-4}$
$A_{1,580nm}$（十二烷基磺酸钠）	0.7609	0.7683	0.7768	0.7805	0.7666	0.7449	0.7610
$A_{2,580nm}$（十二烷基硫酸钠）	0.7434	0.7408	0.7154	0.7316	0.7763	0.7579	0.7425

将 CK-7 与盐酸按质量比 1∶2 显色后，依次加入不同量的非离子表面活性剂 OP-10 和 Tween-80（吐温-80），其对应的最大吸收波长吸光度 A_1 和 A_2 的变化见图 3.5。由图 3.5 可知，少量的非离子表面活性剂对 CK-7 显色几乎没有影

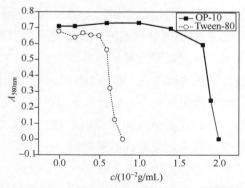

图 3.5　OP-10、Tween-80 对 CK-7 与盐酸显色的影响

响，但随其浓度的增大，当 OP-10 浓度达到 0.014g/mL、Tween-80 浓度达到 0.006g/mL 后，CK-7 的吸光度逐渐减小，直至完全褪色。说明大量的非离子表面活性剂会使有色配合物解离，可能是表面活性剂分子中的氧带有孤对电子，具有路易斯碱的性质，体系存在竞争反应，导致褪色。因此实际应用中应避免过多使用非离子表面活性剂，或者选用其他类型表面活性剂。

3.2.5 色料的性能研究

3.2.5.1 时间的影响

用草酸、Fe^{3+} 两种显色剂显色后，体系均比较稳定。当显色剂为草酸时，显色半小时后，色料即保持稳定，吸光度不再发生改变；当显色剂为 Fe^{3+} 时，随着时间的推移，色料的吸光度发生微弱的增强，但变化不是很大。

3.2.5.2 温度的影响

用草酸、Fe^{3+} 两种显色剂显色后，二者的变化规律均一致，即随着温度的增加，吸光度会逐渐降低。当显色剂为草酸时，在加热过程中，为其与乙醇发生酯化反应提供了条件，从而使得体系中与 CK-7 反应的草酸的量减少，进而使得吸光度降低，体系颜色变浅；当显色剂为 Fe^{3+} 时，因为在较高的温度下金属离子的聚集度增加[12]，从而使得其进攻 CK-7 的位阻效应增大，最终导致作用于 CK-7 的配体数减少，使得吸光度降低，颜色变浅。

3.2.5.3 pH 的影响

用草酸、Fe^{3+} 两种显色剂显色后，随着 pH 值的升高，两种体系吸光度的下降程度均比较显著，当 pH 接近中性时，两种体系的吸光度均接近于零，整个体系变为无色状态，因此可以实现在中性或弱碱性条件下褪色。这是由于当显色剂为草酸时，随着 pH 的增加，体系中与 H^+ 反应的 OH^- 增多，从而使得作用于 CK-7 的草酸的量减少，故吸光度逐渐下降；当显色剂为 Fe^{3+} 时，随着 pH 的增加，Fe^{3+} 用于生成沉淀的量也逐渐增多，同理体系吸光度也逐渐降低。

3.2.5.4 水的影响

由于在 pH 接近中性时，CK-7 与显色剂作用能力显著降低，体系颜色也呈无色，因此实验旨在研究在水环境下体系会有怎样的变化，为 CK-7 在有效、经济环保的应用领域中提供一定的理论指导。

当用草酸作显色剂时，体系水含量在 0～50% 时，随着水含量的增加，体系的吸光度会呈现一个先降低后增强的效果；体系水含量在 50%～70% 时，随着水含量的增加，体系的吸光度迅速增强；体系水含量在 70%～100% 时，随着水含量的增加，体系的吸光度迅速降低，直到接近无色，维持稳定。

而测量不同水含量体系的 pH 值，可以发现，体系的 pH 值先增大后减小，直至维持稳定，这与单独在乙醇溶液中测定 pH 的影响结果不同。这是因为草酸在乙醇中比在水中的电离度要小很多，当体系中的水含量在 50%以内时，随着水含量的增加，草酸电离出的 H^+ 缓慢增加，用于与 CK-7 反应的 H^+ 也缓慢增多，因此体系的吸光度先降低后缓慢增强，而体系中剩余的 H^+ 的量逐渐减少，pH 值会显著的增大；当体系中的水含量在 50%～70% 时，草酸的电离度进一步增大，草酸电离出的 H^+ 的量进一步增多，体系中剩余的 H^+ 的量也逐渐增多，因此体系的吸光度迅速增强，pH 值开始逐渐减小；当体系中的水含量高于 70%时，体系中 H^+ 的电离度达到峰值，此后体系的 pH 值维持恒定，但由于 CK-7 不溶于水，其在乙醇-水体系中的溶解度达到饱和，因而开始析出，体系颜色迅速变浅，直到褪色。

当用 Fe^{3+} 作显色剂时，随着体系中水含量的增加，体系的吸光度即发生显著的降低，此时肉眼可观察到体系的颜色接近无色，这是由于当体系中含有 H_2O 时，H_2O 电离出的 OH^- 要比乙醇电离出的 OH^- 多，因此 Fe^{3+} 在乙醇-水体系中要比在乙醇体系中更容易发生水解生成 $Fe(OH)_3$，从而使得体系中与 CK-7 反应的 Fe^{3+} 的量减少，进而使体系的吸光度降低，发生褪色。综上所述，当用 Fe^{3+} 作显色剂时，体系实现用水褪色更加灵敏、快速。

3.2.6　小结

各种显色剂的显色效果从好到差的顺序依次为：盐酸>硫酸>草酸>邻苯二甲酸>水杨酸；金属离子中 Al^{3+} 和 Sn^{4+} 的显色效果最好，其次依次是 Sn^{2+}、Fe^{3+}、Cu^{2+}，而其他金属离子如 Mg^{2+}、Ca^{2+}、Zn^{2+}、Co^{2+}、Ni^{2+} 的显色效果均很差；阳离子表面活性剂、阴离子表面活性剂和低浓度的非离子表面活性剂对 CK-7 与盐酸的显色没有影响，而高浓度的非离子表面活性剂有消色作用。

3.3　荧烷绿 CK-5 的显色反应

CK-5 的化学全称是 2′-(二苄基氨基)-6′-二乙氨基荧烷[50]，简称荧烷绿。CK-5 的显色反应如图 3.6 所示。CK-5 是由 0.1mol 的 2′-氨基-6′-二乙氨基荧烷、0.4mol 的苄基氯、0.2mol 的碳酸钾和 100mL 异丙醇的混合物搅拌回流直到反应进行完全得到的，反应过程可由 TLC 检测[51]。反应完全后把异丙醇蒸馏出来，加入 400mL 甲苯和 100mL 水，回流 1h 后分离出甲苯层，用水洗涤浓缩。余下的部分与 200mL 甲醇回流 1h，冷却后，滤出沉淀，用甲醇洗涤，干燥后得到 2′-(二苄基氨基)-6′-二乙氨基荧烷的浅绿色粉末,产率 85%,熔点 173～174℃[52]。CK-5 的合成路线如图 3.7 所示。

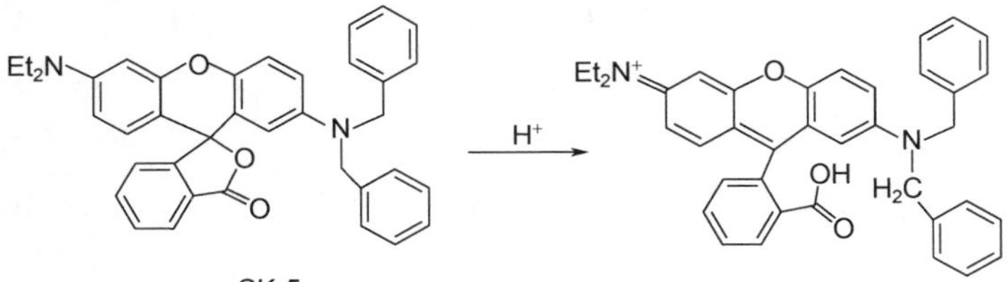

图 3.6 隐色染料 CK-5 的显色反应

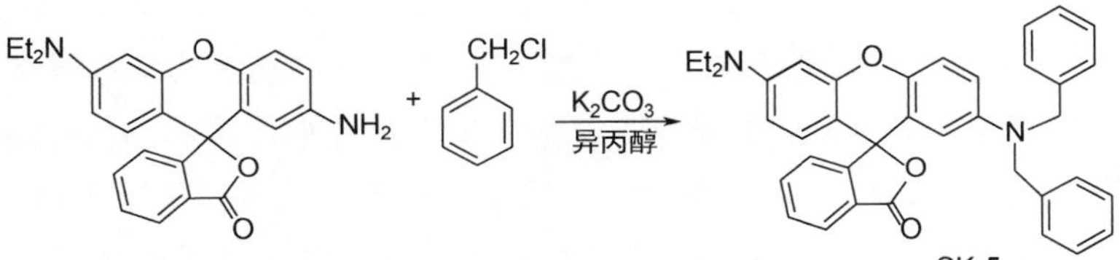

图 3.7 CK-5 的合成路线

3.3.1 酸的选择

图 3.8 为 CK-5 在不同浓度水杨酸下的吸收光谱。其中,CK-5 的浓度为 1×10^{-4} mol/L,曲线 1～6 对应的水杨酸浓度依次为 0、5×10^{-4} mol/L、8×10^{-4} mol/L、1×10^{-3} mol/L、5×10^{-3} mol/L、1×10^{-2} mol/L。由图 3.8 可知,CK-5 在水杨酸存在时,最大吸收波长为 604nm,随着水杨酸浓度的增大,CK-5 在可见光范围的最大吸收峰位置不变,吸收强度逐渐增大。

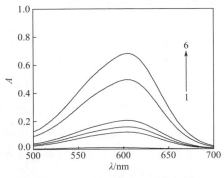

图 3.8 CK-5 在不同浓度水杨酸下的吸收光谱

3.3.2　CK-5 显色的影响因素

（1）金属离子的影响　金属离子 Cu^{2+}、Fe^{3+}、Al^{3+}、Mg^{2+}、Ca^{2+}、Zn^{2+} 均能使 CK-5 显色，Cu^{2+}、Fe^{3+}、Al^{3+} 这三种离子比 Mg^{2+}、Ca^{2+}、Zn^{2+} 这三种离子的显色效果好，这是由于金属离子 Cu^{2+} 半径小，Fe^{3+}、Al^{3+} 除了半径较小外，所带的正电荷也较多，因而可作为有效的质子供体；而金属离子 Mg^{2+}、Ca^{2+}、Zn^{2+} 半径较大，所带电荷少，不能作为有效的质子供体。随着 pH 值的增大，最大吸收波长未发生改变，吸收强度逐渐减弱。

（2）**表面活性剂的影响**　在表面活性剂 OP-10 存在时，CK-5 的最大吸收波长为 604nm，随着 OP-10 浓度的增大，在可见光范围的最大吸收峰位置不变，吸光度逐渐减小。在阳离子表面活性剂十六烷基三甲基溴化铵存在时，CK-5 的最大吸收波长为 604nm，随着十六烷基三甲基溴化铵浓度的增大，CK-5 在可见光范围的最大吸收峰位置不变，吸光度逐渐增大。随着阴离子表面活性剂十二烷基硫酸钠浓度的增加，CK-5 的吸收波长不变，吸光度略微减小。

（3）**温度的影响**　CK-5 在 15～65℃内，随着温度的升高，吸光度下降。

3.3.3　小结

CK-5 的最大吸收波长为 604nm，其吸光度随着浓度的增加而变大；选择水杨酸作为显色剂，随着水杨酸浓度的增加，其吸光度增大；Cu^{2+}、Fe^{3+}、Al^{3+}、Mg^{2+}、Ca^{2+}、Zn^{2+} 均能使 CK-5 显色，Cu^{2+}、Fe^{3+}、Al^{3+} 的吸光度较大；吸光度随着 pH 的增加而减小，随着十六烷基三甲基溴化铵浓度的增加而增大；在 15～65℃这个温度范围内，随着温度的升高，吸光度变小。

3.4　荧烷黑 ODB-1 的光谱性质

近年来，人们对荧烷染料的研究主要集中在合成新型荧烷及其中间体方面，对于荧烷染料的光谱性质分析研究鲜见报道。本节针对一种典型的黑色荧烷——2-苯氨基-3-甲基-6-二乙氨基荧烷，即 ODB-1，其结构式如图 3.9（a）所示，考察了溶液中 ODB-1 的浓度、溶液酸度及溶剂极性等因素对 ODB-1 光谱性质的影响。用紫外-可见吸收光谱法和荧光光谱法研究了化合物与酸进行的显色反应。比较了显色前后光谱的变化，研究了显色时间及温度对显色反应稳定性的影响。采用光谱法研究了与金属离子的显色反应，考察了 Cu^{2+}、Ni^{2+}、Co^{2+}、Ca^{2+} 以及 Mg^{2+} 的显色，比较了显色前后吸收光谱的变化，比较了各种金属离子的显色能力。

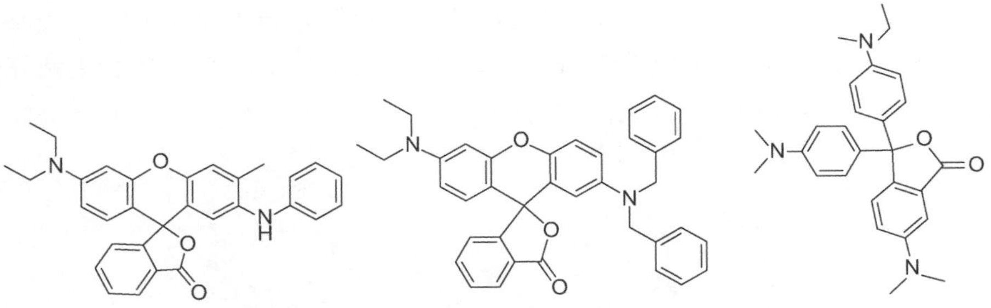

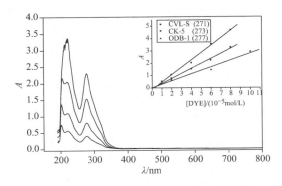

图 3.9　隐色染料 ODB-1（a）、CK-5（b）、CVL-S（c）的结构

3.4.1　浓度对 ODB-1 光谱特性的影响

测定分子缔合的手段有多种。可见光谱法是一种非常简便可行的方法。色料的聚集状态对研究色料的染色性能非常重要。图 3.10 为 pH=7 时 ODB-1 浓度分别为 1×10^{-5}mol/L、2×10^{-5}mol/L、4×10^{-5}mol/L、6×10^{-5}mol/L、8×10^{-5}mol/L 的吸收光谱，由图 3.10 可知，隐色体 ODB-1 的吸收范围在 200～375nm，在可见光区没有吸收。

图 3.10　不同浓度 ODB-1 的吸收光谱

插图：化合物 CVL-S、CK-5、ODB-1 吸收强度随染料浓度的变化

随着 ODB-1 浓度的增大，其最大吸收波长不发生改变，而吸收强度随着浓度的增大而增强。测定的几种隐色染料 CVL-S、CK-5、ODB-1 在乙醇溶液中分别在最大吸收波长 271nm、273nm、277nm 处的吸收和浓度均呈很好的线性增长关系，表明其稀溶液中均没有发生分子缔合现象。

ODB-1 的晶体透视图如图 3.11 所示。对荧烷进行 X 射线衍射结构分析[14]

结果显示，氧杂蒽环部分沿螺-碳（C*）和氧原子构成的直线有细微的扭曲，苯酞部分与氧杂蒽平面部分几乎是垂直的。C*—O*的键长为 1.527Å（1Å=0.1nm），比普通的 C(sp³)—O 键大约要长 0.1Å。这 0.1Å 的延长使得 C*—O*较易断开，从而使得内酯环打开成为有色的结构。

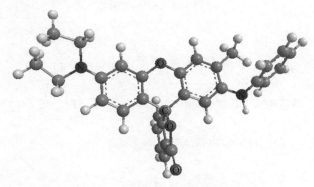

图 3.11　ODB-1 的晶体透视图

图 3.12 为 pH=7 时不同浓度 ODB-1 的吸收光谱，曲线 1～5 对应的 ODB-1 浓度分别为 1×10^{-5}mol/L、2×10^{-5}mol/L、4×10^{-5}mol/L、6×10^{-5}mol/L、8×10^{-5}mol/L。从图 3.12 可知，随着 ODB-1 浓度的增大，其最大吸收波长不发生改变，为 287nm，而吸收强度随着浓度的增大而增强。

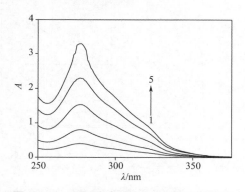

图 3.12　不同浓度 ODB-1 的吸收光谱

3.4.2　酸度对 ODB-1 光谱特性的影响

ODB-1 是一种隐色体染料，在常温常压下为无色或浅色粉末，可随溶液酸度的不同呈现出不同的颜色。在强酸性条件下，ODB-1 呈黑色，在弱酸性条件下，ODB-1 呈褐色，而在中性及碱性条件下，ODB-1 呈无色。图 3.13 为 ODB-1

的显色反应式。由此反应可知，分子内部内酯环开裂后，形成了一个大的共轭的体系，内酯分子转变为酸分子，中心碳原子由 sp^3 杂化态转为 sp^2 杂化态，从而无色化合物变成有色化合物。可通过红外光谱检测到内酯环打开的变化，因为图谱上 $1760cm^{-1}$ 附近内酯的吸收消失。该反应为可逆反应，当加入适量的酸时，该反应向正反应方向移动；加入适量碱时，反应向逆反应方向移动。这样就可以通过控制溶液的 pH 值来使 ODB-1 完全显色。

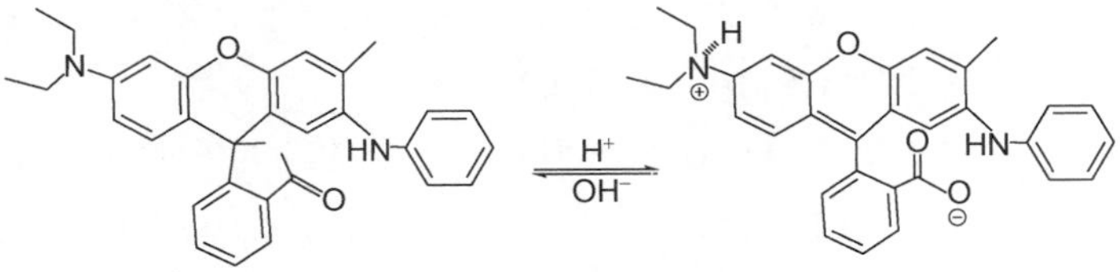

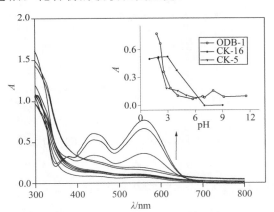

图 3.13 ODB-1 的显色反应

在乙醇溶剂中，不同 pH 下化合物 ODB-1（$1×10^{-5}mol/L$）的紫外-可见吸收光谱如图 3.14 所示。由图 3.14 可知，ODB-1 在酸性条件下显色，在 561nm 和 441nm 处有明显吸收，且在强酸介质中吸光度最大。这是由于 ODB-1 在酸性条件下内酯环开环，形成较大的共轭结构，吸收红移，表现为有色体。也说明由闭环态变成开环态后，化合物的吸收范围加宽。

图 3.14 不同 pH 下的 ODB-1 吸收光谱

插图：化合物 ODB-1、CK-16、CK-5 吸收强度随 pH 的变化

随着酸性减弱，ODB-1 在 561nm 和 441nm 处的吸收逐渐减小，当 pH 值接近 7 时，吸收消失。化合物 ODB-1 的黑色由互补的紫色和黄色产生。随着吸收峰强度逐渐增大，表现为溶液的颜色逐渐加深。由于两个吸电子-供电子系统存在于分子结构内部，对可见光产生了两个特征吸收峰，这两个特征吸收峰叠加

是单一化合物发黑色的原因。在乙醇中 ODB-1 在 560nm 和 441nm 处有两个吸光度相近的吸收峰，按照 Griffiths 色轮原理[53]，二者互为补色，而且强度相似，因此开环态的 ODB-1 发黑色。

不同酸度中浓度为 $1×10^{-5}$mol/L 的 ODB-1、CK-16、CK-5 在其最大吸收561nm、536nm、596nm 处的吸收强度分别如图 3.14 插图所示，从插图可见，pH=4 时，红色的 CK-16 已经发色，其发色灵敏度较高，到 pH=2 时，颜色最深的是黑色的 ODB-1，CK-5 发色速度及颜色深度居中。据此可以认为在此条件下对酸的发色灵敏度：CK-16>CK-5>ODB-1。

浓度为 $1×10^{-5}$mol/L 的 ODB-1 在不同酸度中的荧光发射光谱如图 3.15 所示，曲线 1～7 对应的 pH 值依次为 1.81、2.21、3.29、4.10、7.00、9.15、11.58。激发波长为 λ_{ex}=287nm。由图 3.15 可知，随着 pH 值的增大，ODB-1 的发射光谱强度逐渐降低，这是因为随着 pH 值的增大，溶液的碱性增强，图 3.13 中反应向左进行，ODB-1 的分子结构由酸结构转变为内酯结构，使整个分子的共轭效应减弱。

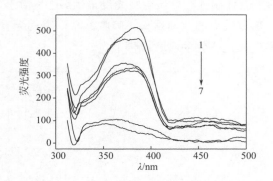

图 3.15　不同 pH 值下 ODB-1 的荧光光谱

3.4.3　溶剂对 ODB-1 光谱性质的影响

浓度为 $1×10^{-5}$mol/L 的 ODB-1 在不同溶剂中的紫外-可见吸收光谱和荧光发射光谱见图 3.16，图中 1 为 *N,N*-二甲基甲酰胺（DMF），2 为乙腈，3 为乙醇，4 为环己烷。其中激发波长为 λ_{ex}=287nm。由图 3.16（a）可知：ODB-1 随溶剂极性的减小波长发生了改变，在 DMF 和乙腈介质中，由于存在 n-π*跃迁使 ODB-1 波长发生红移；在乙醇溶剂中，由于形成氢键而使其吸光度明显降低；环己烷则吸光度较大，因 ODB-1 在环己烷中不溶解，溶液呈浑浊状，因此背景吸收较大。

由图 3.16（b）可知：不同溶剂中荧光发射波长发生了红移，荧光强度减弱，这是由溶剂的偶极矩不同即极性不同造成的，随着溶剂极性的增加波长红移，而由于乙腈、乙醇的介电常数较大所以荧光强度降低，同时乙醇可与 ODB-1 分子形成较强的氢键，而使共轭体系电子云密度降低，所以荧光强度减弱程度较大。

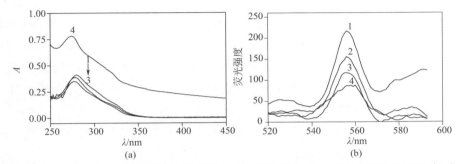

图 3.16　ODB-1 在不同溶剂中的紫外-可见吸收光谱（a）和荧光发射光谱（b）

3.4.4　小结

本节从影响 ODB-1 光谱行为的浓度、酸度和溶剂的极性等因素的角度，研究了 ODB-1 的光谱性质。结果表明：随着 ODB-1 浓度的增大，其峰位置不变，最大吸收强度增强；随着 pH 的增大，ODB-1 分子的内酯环由开环形式转化为闭环形式，共轭效应减弱，导致其最大吸收波长蓝移，荧光强度降低；随着溶剂极性的减小，ODB-1 的最大吸收波长红移，荧光强度降低。对于酸和金属离子，在与荧烷浓度比在 0～1 时，荧烷的乙醇溶液的可见光区吸收强度或荧光强度分别呈现出规律性的线性变化，可用于分析检测。

3.5　荧烷黑 Black-15 的显色反应

为了进一步研究其显色反应的稳定性及不同显色剂对黑色荧烷显色反应的影响，选取应用较为广泛的一种黑色荧烷，即 3-二乙氨基-6-甲基-7-(2,4-二苯氨基)荧烷（Black-15），其结构式如图 3.17 所示。用紫外-可见吸收光谱法和荧光光谱法研究了 Black-15 与酸进行显色反应的影响因素。分别考察了两种类型的酸与 Black-15 的显色反应：水杨酸（又名邻羟基苯甲酸）是荧烷染料常用的显色剂，盐酸是较常用的无机酸，比较了显色前后吸收光谱的变化，研究了显色时间及温度对显色反应稳定性的影响。测定了显色反应的配位比及配合物的解离常数。

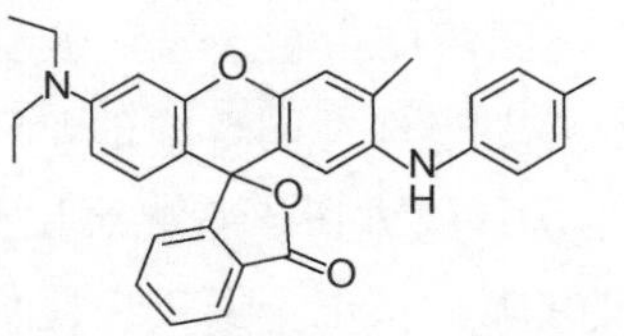

图 3.17 Black-15 的结构式

3-二乙氨基-6-甲基-7-(2,4-二苯氨基)荧烷本身为无色或接近无色的晶体,图 3.18 为 Black-15 与酸的显色反应方程,Black-15 与酸反应后其内酯环打开,中心碳原子由 sp^3 杂化态转为 sp^2 杂化态,从而使无色化合物转变为黑色配合物。该反应为可逆反应,当加入适量碱性化合物时,有色化合物又变为无色;当加入酸的体积或浓度增加时,配合物的颜色加深,其颜色可由浅绿色变为墨绿色,即配合物的紫外-可见吸收光谱会随着酸加入量的变化而变化。因而分光光度法是测定有色配合物解离常数的一种方便可行的方法[54-58]。

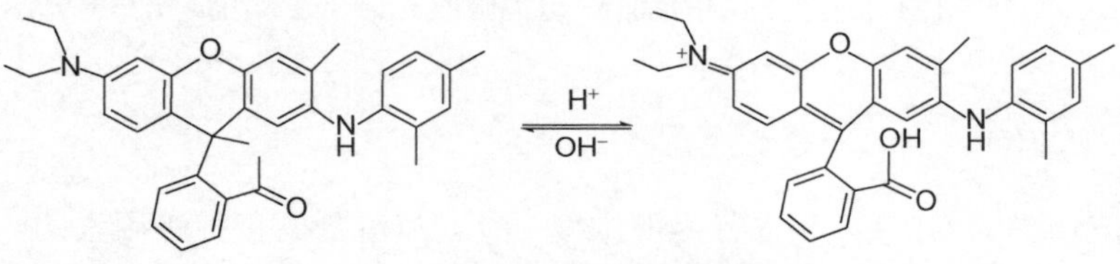

图 3.18 Black-15 与酸的显色反应

3.5.1 盐酸与 Black-15 的显色反应

3.5.1.1 显色前后的吸收光谱

图 3.19 为加入不同浓度的盐酸后 Black-15 的吸收曲线。其中,Black-15 的浓度为 $5×10^{-5}$mol/L,曲线 1~6 对应的盐酸浓度分别为 0、$2.5×10^{-5}$mol/L、10^{-4}mol/L、10^{-3}mol/L、$5×10^{-3}$mol/L、10^{-2}mol/L。由图 3.19 可知,当未加盐酸时,Black-15 的最大吸收波长位于 219nm 和 275nm 处;加入盐酸后,生成黑色配合物,在可见区出现两个吸收峰,其最大吸收波长分别为 453nm 和 587nm。将 275nm 与可见区的最大吸收波长做比较,$Δλ$ 分别为 178nm 和 312nm,显色体系的对比度大于 100nm,可满足显色反应实验要求。

可见区的两个吸收峰分别位于 453nm 和 587nm 处,且 453nm 处所对应的最大吸光度值比 587nm 处所对应的最大吸光度值要稍大,当盐酸浓度为 10^{-3}mol/L 时,453nm 处所对应的最大吸光度为 1.002,而 587nm 处所对应的最大吸光度为 0.963,而 453nm 对应绿色,587nm 对应红色,因此 Black-15 在与盐酸反应后形成的黑色配合物略带绿色。

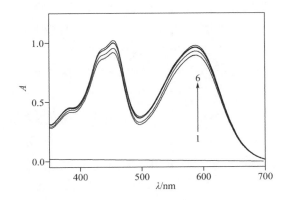

图 3.19　Black-15 在不同浓度的盐酸中的吸收光谱

由图 3.19 可知，当盐酸浓度由 0 增大到 10^{-2}mol/L，pH 由 7 减小到 2，盐酸与 Black-15 形成的配合物在可见区的吸收强度增大，当盐酸浓度为 10^{-3}mol/L（pH 为 3）时吸收强度达到最大，说明此浓度下盐酸能与 Black-15 完全反应。而紫外区的最大吸收峰从 275nm 移到了 310nm，这是因为加入盐酸后，Black-15 分子的内酯环开裂，使得体系的共轭效应增强，因此 π-π* 跃迁所需的能量降低，其最大吸收峰红移。

图 3.20 为荧烷化合物 Black-15 的乙醇溶液（$1×10^{-4}$mol/L）在不同浓度盐酸加入情况下的吸收光谱图，盐酸浓度分别为 0、$0.2×10^{-5}$mol/L、$0.4×10^{-5}$mol/L、$0.6×10^{-5}$mol/L、$1×10^{-4}$mol/L、$1.2×10^{-4}$mol/L。Black-15 溶液是无色透明的，但在加入无色透明的盐酸溶液后，溶液立刻变为黑色，在吸收光谱上表现出了对应 453nm 和 588nm 的吸收峰。

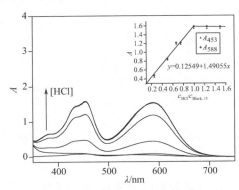

图 3.20　Black-15 的乙醇溶液在不同浓度的盐酸中的吸收光谱

插图：Black-15 在 453nm 和 588nm 处吸收强度随 $c_{HCl}/c_{Black-15}$ 的变化

而且，溶液在 453nm 和 588nm 的吸收强度随盐酸加入量的增加而同步增强，表现为溶液的颜色加深。Black-15 的这种变色行为是由于荧烷在作为电子受体的酸的作用下发生了如图 3.18 所示的向右的开环反应。γ 内酯环的开裂，即形成了两性离子是颜色加深的原因。内酯环开裂的原因是由于溶液中阳离子进攻中心碳原子引起分子的极化。开环现象和两性离子的存在已经分别被 ^{13}C NMR、X 射线衍射及晶体解析数据所证实[30]。

将 Black-15 溶液在 453nm 和 588nm 处的吸收强度对酸和荧烷物质的量浓度比 $c_{HCl}/c_{Black-15}$ 作图，见图 3.20 插图，表明当二者的浓度比在 0～1 范围内时呈现出较好的线性关系，相关系数 R=0.9917；当 $c_{HCl}/c_{Black-15}$=1 时，出现了拐点，之后溶液的吸收强度（对应于颜色的浓淡）恒定不变。这些结果可以间接说明荧烷与酸作用下的开环基本是定量的反应，当达到二者等物质的量时，荧烷已全部转化为开环产物。

图 3.21 为 Black-15 的乙醇溶液（1×10^{-4}mol/L）在不同浓度盐酸加入情况下的荧光发射谱图。盐酸浓度分别为 0、0.2×10^{-5}mol/L、0.4×10^{-5}mol/L、0.6×10^{-5}mol/L、1×10^{-4}mol/L、1.2×10^{-4}mol/L。Black-15 溶液在 388nm 激发下在 480～500nm 范围内发射出较强的荧光，加入盐酸可使 Black-15 荧光强度减小。与酸致变色结果相比较，可以推测：$c_{HCl}/c_{Black-15}$ 在 0～1 区间时，溶液的荧光应来自于 Black-15，而其开环的产物荧光较弱，因此 Black-15 溶液的荧光强度随着盐酸的加入而减小。

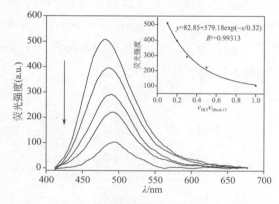

图 3.21　Black-15 的乙醇溶液在不同浓度的盐酸中的发射光谱

插图：Black-15 在 488nm 荧光强度随 $c_{HCl}/c_{Black-15}$ 的变化

当 $c_{HCl}/c_{Black-15}$ 在 0～1 区间时，随着酸的逐渐加入，溶液在 481nm 的发射峰明显衰减并逐渐红移到 495nm。将发射峰强度对 $c_{HCl}/c_{Black-15}$ 作图（图 3.21

插图），并进行拟合，结果表明二者关系符合一阶指数衰减规律，衰减速率为 0.32。表明此时酸可以减弱 Black-15 的荧光强度。这些结果表明，当 $c_{HCl}/c_{Black-15}$ 在 0～1 时，可利用荧光强度的变化进行分析检测。

3.5.1.2　显色时间测定

表 3.3 为盐酸与 Black-5 形成的配合物在不同时间的吸收光谱。其中，Black-15 的浓度为 $1.6×10^{-4}$mol/L，盐酸的浓度为 $4×10^{-5}$mol/L。配合物在可见区有两个吸收峰，其吸收峰位置分别位于 453nm 和 587nm 处。由表 3.3 可知：盐酸与 Black-15 的显色反应在常温常压下瞬间即可完成。其配合物在常温下可稳定 24h 以上，但随着时间的延长，配合物在最大吸收峰处的吸光度值缓慢减小，配合物会逐渐发生解离而褪色。配合物在两波长下的吸光度变化率分别为：15.593%（453nm），21.185%（587nm）。

表 3.3　盐酸与 Black-5 形成的配合物在不同时间的吸收光谱

序号	t/min	$A_1(\lambda_{max}=453nm)$	$A_2(\lambda_{max}=587nm)$
1	5	0.5900	0.5570
2	10	0.5760	0.5390
3	15	0.5680	0.5301
4	20	0.5630	0.5260
5	25	0.5580	0.5210
6	30	0.5530	0.5160
7	60	0.5270	0.4650
8	90	0.5030	0.4480
9	120	0.4980	0.4390

3.5.1.3　显色温度

图 3.22 为温度对盐酸与 Black-5 形成的配合物荧光光谱的影响。其中 Black-15

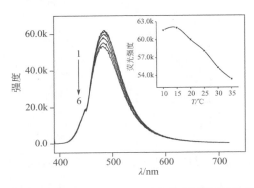

图 3.22　温度对盐酸与 Black-5 形成的配合物荧光光谱的影响

浓度为 1.6×10^{-4}mol/L，盐酸浓度为 2×10^{-5}mol/L，曲线 1～6 对应的温度依次为 10℃、15℃、20℃、25℃、30℃及 35℃。激发和发射狭缝均为 1.5nm，激发波长 λ_{ex} 为 388nm。结果见表 3.4，在各温度下测定的发射波长都在 λ_{em}484nm 左右，误差在 2nm 之内。随温度的增加，配合物分子内部能量转化作用增强，非辐射跃迁概率增大，导致配合物的荧光强度下降。其荧光强度的变化值 ΔI_{em} 为 8.46×10^{3}，荧光强度的变化率为 12.795%。

表 3.4　温度对显色产物荧光强度的影响

温度/℃	10	15	20	25	30	35
λ_{em}/nm	486	484	485	484	483	482
$I_{em}/10^{4}$	6.162	6.204	6.002	5.806	5.515	5.316

3.5.1.4　配位比测定和配合物解离常数的计算

图 3.23 为等摩尔连续变化法测定盐酸与 Black-5 形成的配合物的组成，如图所示配合物的最大吸收峰所对应的横坐标约为 0.57。小于 0.57 时，可以发现配合物的吸光度随着盐酸加入量的增加而增大；大于 0.57 时，配合物的吸光度随着盐酸加入量的增加而减小。因此，在 0.57 处 Black-15 与盐酸络合完全。则 $\dfrac{c_{HCl}}{c_{HCl}+c_{Black-15}}=0.57$，通过计算可得：$\dfrac{c_{Black-15}}{c_{HCl}}=\dfrac{3}{4}$，则配位比约为 1。

由图 3.23 可知：配合物在最大吸收位置的理论吸光度值 A 的值为 1.76，实际吸光度值 A'=1.64，因此配合物的解离度 $\alpha=\dfrac{A-A'}{A}$，计算可得 α 为 0.068。由上文知，Black-15 与盐酸的配位比为 1，则 m 值为 1，n 值为 1。根据 $\dfrac{c_{HCl}}{c_{HCl}+c_{Black-15}}=0.57$，$c_{Black-15}+c_{HCl}=2\times10^{-4}$mol/L，可得盐酸的浓度为 1.143×10^{-4}mol/L，Black-15 的浓

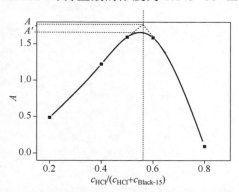

图 3.23　盐酸与 Black-5 形成的配位比的测定

度为 0.857×10^{-4}mol/L，据前面推导公式 $K=\dfrac{m(1-\alpha)^{m+n}[H]^{m-1}[B]^{n}}{\alpha}$，计算得配合物的解离常数为 1.095×10^{-3}mol/L。

3.5.2 水杨酸与 Black-15 的显色反应

3.5.2.1 显色前后的吸收光谱

图 3.24 为配合物在不同浓度的水杨酸中的吸收光谱。其中，Black-15 的浓度为 5×10^{-5}mol/L，曲线 1～6 对应的水杨酸浓度分别为 0、2×10^{-5}mol/L、5×10^{-5}mol/L、10^{-4}mol/L、5×10^{-4}mol/L、10^{-3}mol/L。由图 3.24 可知，未加入水杨酸时，Black-15 的最大吸收波长位于 219nm 将 275nm 处；加入水杨酸后，生成黑色配合物，在可见区出现两个吸收峰，其最大吸收波长分别为 453nm 和 587nm。将 275nm 与显色后可见区的最大吸收波长做比较，$\Delta\lambda$ 分别为 178nm 和 312nm，显色体系的对比度大于 100nm，可满足显色反应实验要求。

当水杨酸浓度为 10^{-3}mol/L 时，在 453nm 和 587nm 处所对应的最大吸光度值分别为 0.304 和 0.278，远远小于相同浓度下盐酸与 Black-15 形成配合物的吸收强度。随着水杨酸浓度的增大，水杨酸与 Black-15 形成的配合物在可见区的最大吸收峰位置不变，吸收强度逐渐增大。紫外区的最大吸收峰从 275nm 移到了 310nm，这是因为加入水杨酸后 Black-15 分子的内酯环开裂，使得体系的共轭效应增强，因此 π-π* 跃迁所需的能量降低，其最大吸收峰移向长波方向。

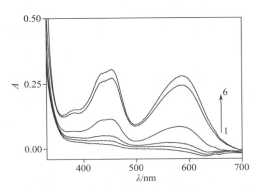

图 3.24　Black-15 在不同浓度的水杨酸中的吸收光谱

3.5.2.2 显色时间测定

表 3.5 为时间对水杨酸与 Black-15 显色反应的影响，其中，Black-15 的浓度为 1.6×10^{-4}mol/L，水杨酸的浓度为 4×10^{-5}mol/L。由表 3.5 可知，常温常压下水杨酸与 Black-15 的显色反应在瞬间即可完成。其配合物在常温下可稳定 24h

以上，但随着时间的延长，配合物在最大吸收峰位置的吸光度缓慢减小，配合物会逐渐发生解离而褪色。随着时间的增加有色物质的吸光度几乎保持不变，说明该显色产物较稳定。因此，水杨酸适合作为黑色荧烷染料的显色剂。配合物在两波长下的吸光度变化率分别为：11.5116%（453nm），15.044%（587nm）。与盐酸相比，其吸光度变化率明显偏低，因此在同样的放置时间内，水杨酸与Black-15形成的黑色配合物更加稳定。

表 3.5　水杨酸与 Black-5 形成的配合物在不同时间的吸收光谱

No.	t/min	$A_1(\lambda_{max}=453nm)$	$A_2(\lambda_{max}=587nm)$
1	5	0.139	0.113
2	10	0.139	0.112
3	15	0.137	0.110
4	20	0.136	0.109
5	25	0.134	0.108
6	30	0.134	0.107
7	60	0.129	0.102
8	90	0.126	0.099
9	120	0.123	0.096

3.5.2.3　显色温度

图 3.25 为温度对水杨酸与 Black-5 形成的配合物荧光光谱的影响。其中，Black-15 的浓度为 $1.6×10^{-4}$mol/L，水杨酸的浓度为 $2×10^{-5}$mol/L。激发和发射狭缝均为 1.5nm，激发波长 λ_{ex} 为 388nm，曲线 1～6 对应的温度依次为 10℃、15℃、20℃、25℃、30℃ 及 35℃。在各温度下测定的发射波长 λ_{em} 都在 484nm 左右，

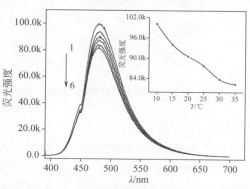

图 3.25　温度对水杨酸与 Black-5 形成的配合物荧光光谱的影响

误差在 2nm 以内，随温度的增加，配合物分子间碰撞次数增加，分子内部能量转化作用增强，从而导致配合物的荧光强度下降。其荧光强度随温度的具体变化见表 3.6。其中荧光强度的变化值 ΔI_{em} 为 1.176×10^4，荧光强度的变化率 12.486%，与盐酸相比，水杨酸与 Black-15 形成的配合物耐热性稍好。

表 3.6　温度对显色产物荧光强度的影响

温度/℃	10	15	20	25	30	35
λ_{em}/nm	482	481	481	480	481	479
$I_{em}/10^4$	9.410	9.110	8.929	8.777	8.360	8.234

3.5.2.4　配位比和配合物解离常数的计算

如图 3.26 所示为等摩尔连续变化法测定配合物的组成，如图所示最大吸光度处所对应的横坐标约为 0.495。小于 0.495 时，吸光度随着水杨酸加入量的增加而增大；大于 0.495 时，吸光度随着盐酸加入量的增加而减小。因此，在 0.495 处 Black-15 与水杨酸完全络合。则 $\dfrac{c_{C_7H_6O_3}}{c_{C_7H_6O_3}+c_{Black-15}}=0.495$，计算可得 $\dfrac{c_{Black-15}}{c_{C_7H_6O_3}}=\dfrac{1.02}{1}$，即配位比约为 1。

由图 3.26 可知：配合物在最大吸收位置的理论吸光度值 A 的值为 0.1525，实际吸光度值 $A'=0.148$，因此配合物的解离度 $\alpha=\dfrac{A-A'}{A}$，计算可得 α 为 0.0295。

由上文知，Black-15 与水杨酸的配位比为 1，则 m 值为 1，n 值为 1，根据 $\dfrac{c_{C_7H_6O_3}}{c_{C_7H_6O_3}+c_{Black-15}}=0.495$，$c_{Black-15}+c_{C_7H_6O_3}=2\times10^{-4}mol/L$，可得水杨酸的浓度为 $9.9\times10^{-5}mol/L$，Black-15 的浓度为 $1.01\times10^{-4}mol/L$，据前面推导公式 $K=\dfrac{m(1-\alpha)^{m+n}[H]^{m-1}[B]^n}{\alpha}$，计算得配合物的解离常数为 $3.224\times10^{-3}mol/L$。

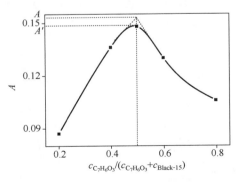

图 3.26　水杨酸与 Black-5 配位比的测定

3.5.3　小结

　　本节用光谱法研究了 Black-15 与两种酸的显色反应，测定了 Black-15 在显色前后的吸收光谱，考察了温度和时间对显色反应稳定性的影响。通过等摩尔连续变化法测定了配合物的配位比，利用分光光度法计算了配合物的解离常数。实验表明：两种酸的浓度相同时，水杨酸与 Black-15 形成的配合物的吸收强度较小；在相同的放置时间内，水杨酸与 Black-15 形成的黑色配合物更加稳定；随着温度的升高，配合物分子间碰撞次数增加，两种酸与 Black-15 形成配合物的荧光强度均降低，研究发现水杨酸的耐热性稍好；Black-15 与盐酸和水杨酸形成配合物的配位比均为 1；Black-15 与盐酸形成的配合物的解离常数较小，更加稳定。说明盐酸凭借其稳定性的优势更适合作为荧烷染料的显色剂。通过考察影响 Black-15 与酸显色反应的影响因素，可为显色剂在热敏纸中的实际应用提供必要的参考数据。

3.6　荧烷黑 ODB-2 的显色反应

　　荧烷黑 ODB-2 化学名称为 2-苯氨基-3-甲基-6-二丁氨基荧烷，其考察了 Mg^{2+}、Ca^{2+}、Al^{3+} 以及 Sn^{4+} 与 ODB-2 的显色，比较了显色前后 ODB-2 吸收光谱的变化，用等摩尔连续变化法测定了显色后配合物的配位比，利用分光光度法计算了配合物的解离常数，比较了各种金属离子的显色能力。

　　图 3.27 为 ODB-2 与金属离子的显色反应，ODB-2 在常温常压下为无色晶体，金属离子可作为路易斯酸与其反应，使 ODB-2 中心的内酯环断裂，中心 C 原子由 sp^3 杂化变成 sp^2 杂化，整个体系构成大 π 环共轭结构，则分子处于同一平面，导致其吸收和发射光谱都发生了巨大改变，形成了黑色的配合物[30,40]。相同条件下，加入不同的金属离子，配合物的颜色不同，即配合物的紫外-可见吸收光谱会随着加入金属离子的不同而发生改变。分光光度法是测定有色配合

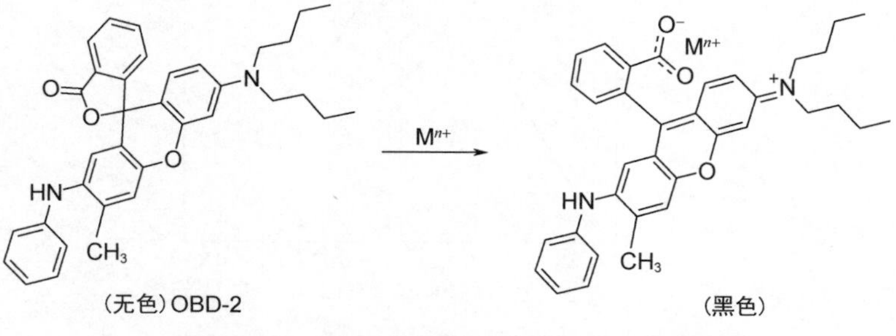

图 3.27　ODB-2 与金属离子的显色反应

物解离常数的一种方便可行的方法。

3.6.1 ODB-2 的合成

化合物 ODB-2 的合成路线如图 3.28 所示。合成步骤[22]如下：在 100mL 三口烧瓶中加入 98% 的硫酸 11mL，在 30℃下加入 2-羧基-4′-二丁氨基-2′-羟基二苯甲酮 3.70g（10mmol）和 4-甲氧基-2-甲基-N-苯基苯胺 2.13g（10mmol），然后在此温度下搅拌反应 48h。反应结束后，将反应液倒入 200mL 冰水中，搅拌，过滤，洗涤，干燥，得黑色固体 4.60g。将其加入 100mL 2% 的氢氧化钠溶液中，在 60℃下搅拌 2h，用甲苯萃取，减压蒸馏除去甲苯，得棕色固体 4.10g。用甲醇：水=1：1（体积比）重结晶，得浅灰色粉末 3.35g。

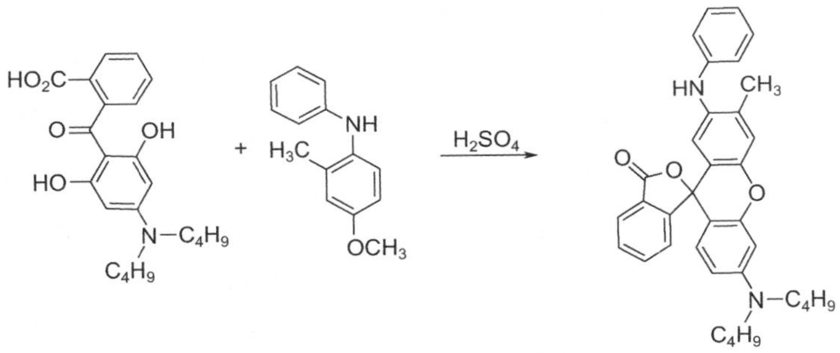

图 3.28　化合物 ODB-2 的合成路线

产率：58%，熔点：187℃；m/z：532（M^+）。

^1H NMR（300MHz，DMSO-d_6）：$\delta = 7.93$（d，$J = 7.56$，1H），7.76（t，$J = 7.56$，1H），7.66（t，$J = 7.36$，1H），7.41（s，1H），7.26（t，$J = 7.84$，1H），7.22（s，1H），6.99（t，$J = 7.84$，2H），6.62（t，$J = 7.04$，1H），6.55（d，$J = 7.6$，2H），6.49（d，$J = 8.08$，2H），6.43（s，1H），6.41（d，$J = 9.08$，1H），3.25（t，$J = 7.6$，4H），2.21（s，3H），2.07（s，1H），1.48（m，4H），1.29（m，4H），0.87（t，6H）。

^{13}C NMR（400MHz，DMSO-d_6）：$\delta = 13.78$，17.84，19.63，28.86，30.59，49.89，83.55，96.98，104.1，108.5，114.63，116.99，118.32，118.53，119.49，123.92，124.45，129.94，134.92，135.40，136.85，145.25，146.58，149.63，152.43，152.49，168.66。

该反应是脱水环合反应，浓硫酸既是溶剂又是脱水剂。在浓硫酸的作用下 2-羧基-4′-二丁氨基-2′-羟基二苯甲酮碳氧双键开裂，形成碳正离子，和取代苯发生亲电反应，脱去水、甲醇后得到荧烷。反应过程中浓硫酸和反应温度是控制反应的关键。硫酸浓度过高或反应温度过高，都会有焦化和副产物缩合染料生成，硫酸浓度过低或反应温度太低，反应不易进行，反应时间很长或根本不反应。因此，为得到高质量、高收率的主产物，荧烷的环合反应应严格控制硫酸浓度和反应温度。

3.6.2　金属离子与 ODB-2 的吸收光谱

与酸类似，金属离子可作为路易斯酸与荧烷作用发生开环反应。图 3.29 为化合物 ODB-2（1×10^{-4} mol/L）在不同浓度的 Al^{3+} 中的吸收光谱，$[Al^{3+}]$ 分别为 0、4×10^{-5} mol/L、8×10^{-5} mol/L、1×10^{-4} mol/L、1×10^{-3} mol/L。

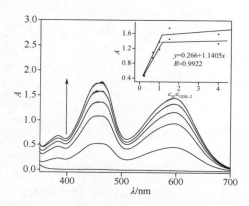

图 3.29　化合物 ODB-2 在不同浓度的 Al^{3+} 中的吸收光谱

插图：ODB-2 在 455nm 和 596nm 处吸收强度随 c_M/c_{ODB-2} 的变化

将荧烷化合物 ODB-2 溶液在 455nm 和 596nm 处的吸收强度对金属离子和荧烷物质的量浓度比 c_M/c_{ODB-2} 作图，见图 3.29 插图，表明当二者浓度比在 0～1 范围内时呈现出较好的线性关系，相关系数 $R=0.9922$；当 $c_M/c_{ODB-2}=1$ 时，出现了一个拐点，在此之后溶液的吸收强度（对应于颜色的浓淡）保持恒定不变。这些结果可以说明，荧烷染料 ODB-2 在金属离子 Al^{3+} 作用下的开环反应基本是定量的，直至二者为等物质的量时，荧烷染料 ODB-2 全部转化为开环产物。

不同的金属离子的显色能力不同。相同条件下，加入不同的金属离子，紫外-可见吸收光谱会因加入金属离子的种类不同而改变。吸收峰的位置和强度也有差别，表现为配合物溶液的颜色深浅不同。ODB-2 与金属离子的显色反应吸收光谱见图 3.30。

常温下用相同浓度的金属离子（1×10^{-3} mol/L）与 ODB-2（1×10^{-4} mol/L）反应观察其实验现象，溶液立刻显色，溶液呈由浅到深的墨绿色。未加入金属离子时，ODB-2 的最大吸收峰分别位于 219nm 和 275nm 处；加入金属离子后，生成了黑色配合物，在可见区出现两个吸收峰，其最大吸收波长分别位于 461nm 和 587nm 左右。由图 3.30 可见，对于相同浓度的金属离子，在可见区的吸收强度顺序为 $Cu^{2+}>Ni^{2+}>Co^{2+}>Ca^{2+}>Mg^{2+}$，据此可以判定金属离子对 ODB-2 显色能力的强弱。

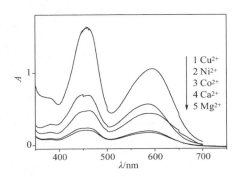

图 3.30　ODB-2 与 Cu^{2+}、Ni^{2+}、Co^{2+}、Ca^{2+}、Mg^{2+} 相互作用的吸收光谱

3.6.2.1　Mg^{2+}、Ca^{2+}、Al^{3+}、Sn^{4+} 与 ODB-2 的显色反应

图 3.31 为加入 Mg^{2+}、Ca^{2+}、Al^{3+}、Sn^{4+} 前后 ODB-2 的吸收光谱。其中，ODB-2 的浓度为 $10^{-4}mol/L$，Mg^{2+}、Ca^{2+}、Al^{3+}、Sn^{4+} 的浓度为 $10^{-3}mol/L$。吸收曲线 1 为 ODB-2 的吸收光谱，吸收曲线 2～5 分别为加入 Mg^{2+}、Ca^{2+}、Al^{3+}、Sn^{4+} 的吸收光谱。ODB-2 的最大吸收波长位于 219nm 和 275nm 处；分别加入 Mg^{2+}、Ca^{2+}、Al^{3+}、Sn^{4+} 后，ODB-2 与金属离子生成了黑色配合物，在可见区出现两个吸收峰，其最大吸收波长分别为 453nm 和 587nm。在可见区的吸收强度依次为 $Mg^{2+}<Ca^{2+}<Al^{3+}<Sn^{4+}$。

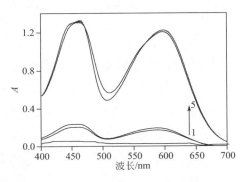

图 3.31　金属离子与 ODB-2 显色的吸收光谱

表 3.7 为 ODB-2 中加入各种金属离子形成配合物的摩尔吸收系数。其中 Al^{3+} 与 Sn^{4+} 的显色效果较好,摩尔吸收系数可达到 10^4L/(mol·cm),能够满足实验要求。

表 3.7 ODB-2 中加入金属离子后形成配合物的摩尔吸收系数

金属离子	$A_1(\lambda_{1,max}=460nm)$	$\varepsilon_{1,max}[10^4$L/(mol·cm)]	$A_2(\lambda_{2,max}=590nm)$	$\varepsilon_{2,max}/[10^4$L/(mol·cm)]
Mg^{2+}	0.206	0.206	0.172	0.172
Ca^{2+}	0.237	0.237	0.194	0.194
Al^{3+}	1.314	1.314	1.207	1.207
Sn^{4+}	1.327	1.327	1.224	1.224

实验表明,碱金属离子 Na^+ 与 K^+ 均不与 ODB-2 反应,这是由于碱金属离子的离子半径较大,其所带正电荷较少。碱土金属离子 Ca^{2+}、Mg^{2+}、Ba^{2+} 均能使 ODB-2 显色,由于氯化钡溶于水而不溶于乙醇,因此无法测定其显色的吸收光谱。进一步考察了其他金属离子与 ODB-2 的显色反应,发现 Al^{3+}、Sn^{4+} 也能与 ODB-2 显色,这是由于这两种金属离子携带的正电荷较多,可作为有效的质子供体。而 Zn^{2+}、Fe^{2+} 与 ODB-2 不显色,可能是其离子半径较大,所带正电荷较少所致。

3.6.2.2 配位比的测定

在 10mL 的比色管中,加入一定浓度的 ODB-2 乙醇溶液和一定浓度的金属离子溶液,保持溶液中 $c_{金属离子}+c_{ODB-2}$ 为常数(该实验为 $2×10^{-4}$mol/L),连续改变 $c_{金属离子}$ 和 c_{ODB-2} 的比例,配置出一系列的显色溶液。分别测定系列溶液的吸光度 A,以 A 对 $\dfrac{c_{金属离子}}{c_{金属离子}+c_{ODB-2}}$ 作图,曲线转折点对应的 $\dfrac{c_{ODB-2}}{c_{金属离子}}$ 值即为配合物的配位比。当转折点不明显时,可通过切线外推找出。

图 3.32 为等摩尔连续变化法测定 ODB-2 与 Mg^{2+} 形成的配合物的组成,图中所示配合物的最大吸收峰所对应的横坐标约为 0.51。小于 0.51 时,配合物的吸光度随着 Mg^{2+} 加入量的增加而增大;大于 0.51 时,配合物的吸光度随着 Mg^{2+} 加入量的增加而减小。因此,在 0.51 处 ODB-2 与 Mg^{2+} 配位完全。此时 $\dfrac{c_{Mg^{2+}}}{c_{Mg^{2+}}+c_{ODB-2}}=0.51$,通过计算可得:$\dfrac{c_{ODB-2}}{c_{Mg^{2+}}}=0.96\approx1$。类似地,计算得到 Ca^{2+}、Al^{3+}、Sn^{4+} 与 ODB-2 的显色配合物的配位比均约等于 1。

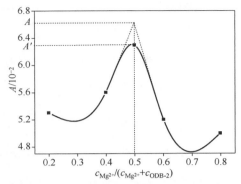

图 3.32　等摩尔连续变化法测定 ODB-2 与 Mg^{2+}的配合物

3.6.2.3　解离常数的计算

ODB-2 在常温常压下为无色晶体，金属离子可作为路易斯酸与其反应，使 ODB-2 中心的内酯环断裂，中心 C 原子由 sp^3 杂化变成 sp^2 杂化，整个体系构成大 π 环共轭结构，则分子处于同一平面，导致其吸收和发射光谱都发生了巨大改变，形成黑色的配合物[53,59]。相同条件下，加入不同的金属离子，配合物的颜色不同，即配合物的紫外-可见吸收光谱会随着加入金属离子的不同而发生改变。

假设 H$_m$B$_n$ 为该黑色配合物，它的解离可以用下式表示：M$_m$B$_n$＝mM + nB 其中，M 为金属离子，B 为 ODB-2。为讨论方便，各组分的电荷符号略去。由经典方法可测知配合物的组成比为：$\dfrac{c_{\text{ODB-2}}}{c_{\text{金属离子}}} = \dfrac{n}{m}$（$n$ 和 m 为互质数）。在配位比测定的吸收曲线上找出转折点处对应的实际吸光度值 A' 和理论吸光度 A，因此配合物的解离度为：$\alpha = \dfrac{A - A'}{A}$。当加入金属离子和 ODB-2 的摩尔数之比为 $n:m$ 时，在测定配位比的吸收光谱转折点处，金属离子的总浓度[M]和 ODB-2 的总浓度[B]可通过计算得到：$\dfrac{c_{\text{金属离子}}}{c_{\text{金属离子}} + c_{\text{ODB-2}}} = \dfrac{n}{m}$，$c_{\text{金属离子}} + c_{\text{ODB-2}}$＝常数。则实际发生了反应的金属离子和 ODB-2 的浓度为：[M]'＝α[M]；[B]'＝α[B]。此时溶液中剩余的金属离子和 ODB-2 的浓度为：

$$c_{\text{M}}=(1-\alpha)[\text{M}] \tag{3.1}$$

$$c_{\text{B}}=(1-\alpha)[\text{B}] \tag{3.2}$$

配合物 H$_m$B$_n$ 的浓度为：$c_{\text{H}_m\text{B}_n} =[\text{M}]'/m$，则：$c_{\text{M}_m\text{B}_n} = \dfrac{\alpha}{m}[\text{M}]$ $\qquad$ (3.3)

而解离常数为：$K = \dfrac{c_{\text{M}}^m c_{\text{B}}^n}{c_{\text{M}_m\text{B}_n}}$ $\qquad\qquad$ (3.4)

将式（3.1）～式（3.3）代入式（3.4），整理得配合物的解离常数为：

$$K = \frac{m(1-\alpha)^{m+n}[\text{M}]^{m-1}[\text{B}]^n}{\alpha}$$

由图 3.32 可知：配合物在最大吸收位置的理论吸光度值 A 的值为 0.0662，实际吸光度值 A'=0.0626，因此配合物的解离度 $\alpha = \dfrac{A-A'}{A}$，计算可得 α 为 0.054。由上文知，ODB-2 与 Ca^{2+} 的配位比为 1，则 m 值为 1，n 值为 1。根据 $\dfrac{c_{Mg^{2+}}}{c_{Mg^{2+}} + c_{ODB-2}} = 0.51$，$c_{Mg^{2+}} + c_{ODB-2} = 2 \times 10^{-4}$mol/L，可得 Mg^{2+} 的浓度为 1.02×10^{-4}mol/L，ODB-2 的浓度为 0.98×10^{-4}mol/L，根据前面推导公式 $K = \dfrac{m(1-\alpha)^{m+n}[\text{M}]^{m-1}[\text{B}]^n}{\alpha}$，计算配合物的解离常数为 1.624×10^{-3}mol/L。

类似地，计算得到 Ca^{2+}、Al^{3+}、Sn^{4+} 与 ODB-2 的显色配合物的解离常数分别为 2.799×10^{-3}mol/L、1.445×10^{-3}mol/L、1.043×10^{-3}mol/L。

在荧烷化合物与金属离子显色反应中发现，金属离子价电子数越多，配合物溶液的颜色越深，从浅青色到墨绿色到黑色变化；随着金属离子浓度的增加，溶液吸光度增加，金属离子与染料荧烷的相互作用增强。

同价离子（二价金属离子镁、钙、钴、镍、铜）随着其空轨道数的增加，其接受电子的能力逐渐增强，与染料的相互作用也逐渐增强。离子半径小的金属离子比离子半径大的金属离子给质子的能量越强；所带电荷越多，给质子能力越强。因而，离子半径小且所带的正电荷较多的金属离子，可作为有效的质子供体。半径较大且所带电荷少的金属离子，不能作为有效的质子供体。

3.6.2.4　Ca^{2+}与 ODB-2 作用显色温度研究

图 3.33 为温度对 ODB-2 与 Ca^{2+} 配位产物荧光光谱的影响。其中，ODB-2 的浓度为 1.0×10^{-4}mol/L，Ca^{2+} 的浓度为 1×10^{-3}mol/L。激发和发射狭缝均为 2.5nm，

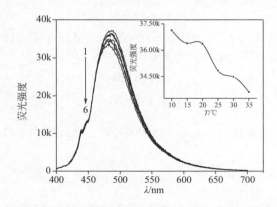

图 3.33　温度对 ODB-2 与 Ca^{2+} 配合物荧光光谱的影响

曲线 1～6 对应的温度依次为 10℃、15℃、20℃、25℃、30℃与 35℃，且在各温度下测定的发射波长都在 484nm 左右，误差在 2nm 以内。随着温度增加，配合物分子间的碰撞次数增加，分子内部的能量转化作用增强，从而导致配合物荧光强度下降。其荧光强度的变化值 ΔI_{em} 为 1.235×10^4，其荧光强度的变化率为 11.965%，说明配合物耐热性较好。

3.6.3　荧烷染料酸致变色结构鉴定

为验证荧烷染料酸致变色结构，分别对 ODB-2 与双酚 A、水杨酸显色产物进行红外光谱测试，结果如图 3.34 所示。图谱中 2969.43cm⁻¹ 为甲基 C—H 伸缩振动，1620.28cm⁻¹ 为苯环的吸收峰，1250.40cm⁻¹ 为 C—N 伸缩振动引起的。与酸作用后，原荧烷图谱内酯吸收峰消失，产生了羧基及羟基的特征吸收峰位于 1680～1690cm⁻¹，同时从红外光谱上可以观察到荧烷的 C=O 吸收峰 1740cm⁻¹（无色内酯环结构）消失，而出现 1720cm⁻¹ 吸收峰（黑色开环酯结构），因此可以确定该产物的结构为开环酯结构。

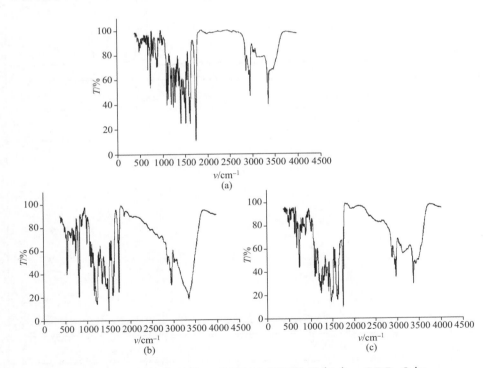

图 3.34　ODB-2（a）、ODB-2 与双酚 A（b）、ODB-2 与水杨酸（c）显色产物的红外光谱

图 3.35 为 ODB-2 与双酚 A（a）、水杨酸（b）显色产物的核磁共振氢谱，^{1}H NMR（CDCl$_3$）H 质子总数为 23。δ 8.08～6.48（m，10H，苯环上的 H），3.38[q，4H，(CH$_3$CH$_2$)$_2$—)]，2.54（s，3H，CH$_3$—），1.18[t，6H，(CH$_3$CH$_2$)$_2$—]。

通过对红外及核磁图谱的研究可以得出，在整个显色反应发生的过程中，酸可以开裂荧烷化合物的 γ-内酯环，生成有色的两性离子形式的荧烷化合物，这个反应是可逆的。在 ODB-2 与双酚 A 显色反应发生的过程中，双酚 A 不仅仅简单地提供氢质子，还通过氢键的作用与隐色体偶合，一种可能的作用方式如图 3.36 所示[60]。

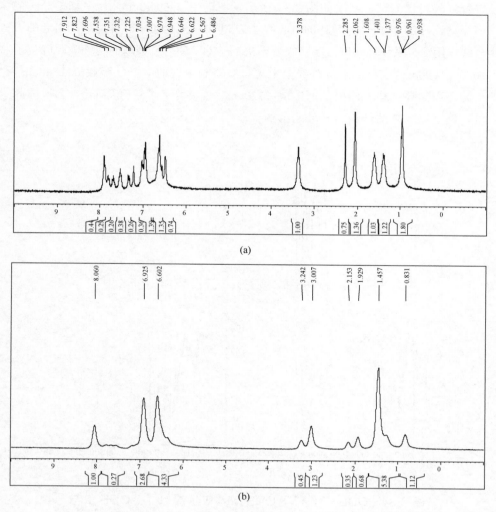

图 3.35　ODB-2 与双酚 A（a）、水杨酸（b）显色产物的核磁共振氢谱

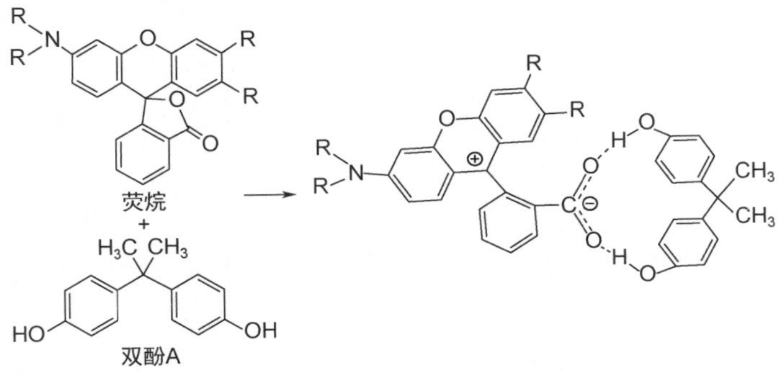

图 3.36　荧烷与双酚 A 的显色反应

3.6.4　小结

本节用分光光度法研究了 2-苯氨基-3-甲基-6-二丁氨基荧烷（ODB-2）与金属离子（Mg^{2+}、Ca^{2+}、Al^{3+} 及 Sn^{4+}）的显色反应，测定了 ODB-2 与各种金属离子在显色前后的吸收光谱，通过等摩尔连续变化法分别测定了各配合物的配位比，利用分光光度法计算了配合物的解离常数。实验表明：在等浓度的 ODB-2 的乙醇溶液中，加入等量的金属离子，显色后其在可见区产生的吸收强度按 $A_{Mg\text{-}ODB\text{-}2} < A_{Ca\text{-}ODB\text{-}2} < A_{Al\text{-}ODB\text{-}2} < A_{Sn\text{-}ODB\text{-}2}$ 的顺序依次增强。Mg^{2+}、Ca^{2+}、Al^{3+} 及 Sn^{4+} 与 ODB-2 的配位比均为 1。且不同的金属离子与 ODB-2 形成配合物的解离常数不同，其解离常数按 $K_{Ca\text{-}ODB\text{-}2} > K_{Mg\text{-}ODB\text{-}2} > K_{Al\text{-}ODB\text{-}2} > K_{Sn\text{-}ODB\text{-}2}$ 的顺序依次减小。由此可以推断，在热敏纸的实际生产过程中，如果将这些能够与 ODB-2 显色的金属离子加入到其他显色剂中复合使用，必然增强显色效果。用红外及核磁的手段研究了荧烷化合物发色前后分子结构的变化，证明了两性离子的存在。考察了温度和时间对显色反应稳定性的影响，随着温度的升高，配合物分子间碰撞次数增加，显色剂与荧烷形成配合物的荧光强度降低。通过考察影响荧烷显色反应的影响因素，进行了荧烷染料发色灵敏度的判定，可为显色剂的实际应用提供必要的参考数据。

参考文献

[1] 许彦旻，程铸生. 荧烷系染料的合成研究. 化学世界，1999(8): 416-420.

[2] 王毓明，蔡长森. 无碳复写纸用 CB 涂料的反应条件研究. 涂料工业，1997(4): 19-20.

[3] Takashima M, Sano S, Ohara S. Improved fastness of carbonless paper color images

with a new trimethane leuco dye. Journal of Imaging Science and Technology, 1993, 37(2): 163-166.

[4] 褚衡, 黄光斗, 李纯清, 等. 以荧烷为变色剂的示温材料研究. 湖北工学院学报, 1999, 14(1-2): 71-74.

[5] Ma Y. Research on reversible effects and mechanism between the energy-absorbing and energy-reflecting states of chameleon-type building coatings. Solar Energy, 2002, 72(6): 511-520

[6] 黄慧华, 刘及时. 几种变色染料的变色机理以及在纺织品上的应用. 化纤与纺织技术, 2006(1): 24-28.

[7] 张忠信, 方浩雁, 马廷方, 等. 热敏变色微胶囊的制备及对真丝绸的涂料印花. 丝绸, 2010(7): 1-4.

[8] Wang S, Gwon S Y, Son Y A, et al. Highly selective colorimetric signaling of iron cations based on fluoran dye. Mol Cryst Liq Cryst, 2009(504): 155-163.

[9] Evan W M, Christopher J C. Fluorescent probes for nitric oxide and hydrogen peroxide in cell signaling. Curr Opin Struc Biol, 2007(11): 620-625.

[10] Walter M. Fluorescent somatostatin receptor probes for the intraoperative detection of tumor tissue with long-wavelength visible light. Bioorgan Med Chem, 2002(10): 2543-2552.

[11] Ramaiah M. Chemistry and Applications of Leuco Dyes. New York: Kluwer Academic Publishers, 2002: 125.

[12] 陈京环, 刘文波, 于钢. CF 纸显色剂技术进展及涂料制备. 黑龙江造纸, 2006(1): 28-30.

[13] 贾建洪, 盛卫坚, 高建荣. 有机荧光染料的研究进展. 化工时刊, 2004, 18(1): 18-22.

[14] Shen M Q, Shi Y, Tao Q Y. Synthesis of fluoran dyes with improved properties. Dyes Pigments, 1995, 29(1): 45-55.

[15] 祁争健, 周钰明, 曹爱年, 等. 4-*N*,*N*-二丁氨基-2-羟基-2′-羧基二苯酮合成方法的研究. 南京大学学报: 自然科学版, 2001, 37(5): 643-648.

[16] 程水良, 王永安, 高扬, 等. 一种新型荧烷染料的合成. 合成化学, 2008, 16(2): 210-212.

[17] 付立民, 张宪军, 张金廷, 等. 热敏染料 FH-102 的合成. 辽宁化工, 2000, 29(1): 1-6.

[18] 吴雄. 红色荧烷染料的合成与应用研究. 精细化工, 1995, 12(6): 14-16.

[19] 潘建林, 陶兰, 张华松, 等. 荧烷类压、热敏染料 FH-101 的合成. 精细化工, 1998,

15(4): 23-25.

[20] Patel S V, Patel M P, Patel R G. Synthesis and characterization of heterocyclic substituted fluoran compounds. J Serb Chem Soc, 2007, 72(11): 1039-1044.

[21] Patel R G, Patel M P, Patel R G. 3,6-Disubtituted fluorans containing 4(3*H*)-quinazolinon-3-yl, diethyl amino groups and their application in reversiblethermo chromic materials. Dyes Pigments, 2005, 66(1): 7-13.

[22] Yanagita M, Aoki I, Tokita S. New fluoran leuco dyes having a phenylenediamine moiety at the 6-position of the xanthene ring. Dyes Pigments, 1998, 36(1): 15-19.

[23] Naito, K. Rewritable color recording media consisting of leuco dye and biphenyl developer with a long alkyl chain. J Mater Chem, 1998, 8(6): 1379-1384.

[24] 董川, 冯丹, 周叶红, 孙琳琳, 张薇. 环保可降解儿童彩色蜡笔及其制备方法: CN102964926A, 2013.

[25] 付立民. 国内外压敏、热敏染料及其纸基的现状与发展. 辽宁化工, 1992(3): 12-17.

[26] 王际德. 无碳复写纸的发展趋势. 中华纸业, 2007, 28(10): 41-44.

[27] 卜念珍. 无碳复写纸的发展和技术进步. 中华纸业, 2000, 21(6): 18-22.

[28] 穆萨拉. 隐色体染料化学与应用. 董川, 双少敏, 译. 北京: 化学工业出版社, 2010.

[29] Hironori O. New developments in the stabilization of leuco dyes: effect of UV absorbers containing an amphoteric counter-ion moiety on the light fastness of color formers. Dyes Pigments, 2005, 66(2): 103-108.

[30] Hojo M, Ueda T, Yamasaki M. ^{1}H and ^{13}C NMR detection of the carbocations or zwitterions from rhodamine B base, a fluoran-based black color former, trityl benzoate, and methoxy-substituted trityl chlorides in the presence of alkali metal or alkaline earth metal perchlorates in acetonitrile solution. Bull Chem Soc Jpn, 2002, 75(7): 1569-1576.

[31] 段祥民, 曹丽云. 热敏纸显色剂 PHBB 及其合成. 上海造纸, 1989(2): 18-21.

[32] 沈美琴. 热敏记录纸用精细化学品的应用与发展. 化工进展, 1994(6): 1-7.

[33] Matsumoto S, Fuchigami H. Reversible thermosensitive coloring composition: JP53102284, 1978.

[34] Tsugawa H. Thermal recording materials using fluorenespirophthalide leuco dyes and bis (hydroxyphenyl) acetate esters as developers. JP07164759, 1995.

[35] Kabashima K, Kobayashi H, Iwaya T. Color heat-sensitive recording paper comprising novel urea-urethane compound as developer. US20010044553, 2001.

[36] Rahela K, Mojca F, Nina H, et al. Colorimetric properties of reversible thermochromic printing inks. Dyes Pigments, 2010, 86(3): 271-277.

[37] Horiguchi T, Koshiba Y, Ueda Y, et al. Reversible coloring/decoloring reaction of leuco dye controlled by long-chain molecule. Thin Solid Films, 2008, 516(9): 2591-2594.

[38] Matsumoto S, Takeshima S, Satoh S, et al. The crystal structure of two new developers for high-performance thermo-sensitive paper: H-bonded network in ureaeurethane derivatives. Dyes Pigments, 2010, 85(3): 139-142.

[39] Kawasaki K, Sakakibara K. Hydrogen bond donor ability alpha(H)(2)is a good index for finding an appropriate color developer for the molecular design of functional thermal paper. Bull Chem Soc Jpn, 2007, 80(2): 358-364.

[40] Hojo M, Ueda T, Inoue A, et al. Interaction of a practical fluoran-based black color former with possible color developers, various acids and magnesium ions, in acetonitrile. J Mol Liq, 2009, 148(2-3): 109-113.

[41] Wang S, Gwon S Y, Kim S H. A highly selective and sensitive colorimetric chemosensor for Fe^{2+} based on fluoran dye. Spectrochim Acta A, 2010, 76(3-4): 293-296.

[42] Hojo M. Elucidation of specific ion association in nonaqueous solution environments. Pure Appl Chem, 2008, 80(7): 1539-1560.

[43] Kaburagi Y, Tokita S, Kaneko M. Solid film device to visualizeuv-irradiation. Chem Lett, 2003, 32(10): 888-889.

[44] Okada K, Okada S. X-Ray crystal structure analysis and atomic charges of colorformer and developer: 4 colored formers. J Mol Struct, 1999, 484(1-3): 161-179.

[45] Yanagita M, Kanda S, Ito K, et al. The relationship between the steric hindrance and absorption spectrum of fluoran dyes. Part Ⅰ. Mol Cryst Liq Cryst, 1999, 327(1): 49-52.

[46] Yanagita M, Kanda S, Tokita S. The relationship between the steric hindrance and absorption spectrum of fluoran dyes. Part Ⅱ. Mol Cryst Liq Cryst, 1999, 327(1): 53-56.

[47] Orita M, Yahagi M, Obitsu T. Benzofluoran pressure sensitive dyes. JP46010079, 1971.

[48] Plos G, Gawtrey J, Kravtchenko S. Use of a composition containing a dye or a dye precursor for coloring of keratinous fibers. FP2862531, 2005.

[49] 董川, 孙琳琳, 周叶红, 张薇, 冯丹. 可水解褪色的彩色墨水. CN102964924A, 2013.

[50] Zepp R, Skurlatov Y, Ritmiller L. Effects of aquatic humic substances on analysis for hydrogen peroxide using peroxidase-catalyzed oxidations of triarylmethanes or p-hydroxyphenylacetic acid. Environ Tech Lett, 1988, 9(4): 287-298.

[51] Pobiner H, Jr H T H. Spectrophotometric determination of anionic surfactants by conversion of the leuco-bases of triphenylmethane dyes. Anal Chim Acta, 1982(141): 419-425.

[52] Irie M, Kungwatchakun D. Photoresponsive polymers. mechanochemistry of polyacrylamide gels having triphenylmethane leuco derivatives. Macromol Rapid Commun, 1984, 5(12): 829-832.

[53] Griffiths J. Colour and constitution of organic molecules. London: Academic Press, 1976: 5.

[54] 娄晶晶. 浅谈影响显色反应的因素. 内蒙古石油化工, 2007(8): 31-33.

[55] 胡蕴明, 孙艳娟. 分子吸收分光光度法中校准曲线斜率的探讨. 重庆环境科学, 1993, 15(2): 43-45.

[56] 杨本武, 姬有新. 配位比及其稳定常数测定新方法. 信阳师范学院学报: 自然科学版, 1993, 6(3): 299-302.

[57] 杨红梅, 周海永. 分光光度分析的灵敏度实验技术探讨. 甘肃联合大学学报: 自然科学版, 2005, 19(3): 83-85

[58] 武汉大学. 分析化学. 第 4 版. 北京: 高等教育出版社, 2000: 224-227.

[59] 殷锦捷. 压敏、热敏染料的主要品种及特点. 染料工业, 1996, 33(6): 25-28.

[60] Kazunori K, Kazuhisa S. Electrochemical evaluation of hydrogen bond donor ability of sulfonylurea molecules by cyclic voltammetry. Chem Lett, 2007, 36(2): 216-217.

第4章 热敏染料微胶囊化研究

4.1 热敏染料微胶囊

多年来，人们已经习惯将染料用作一种着色剂，通过染料在不同条件（光照、温度、压力等）作用下产生不同颜色的特性，将其应用到生产中的各行各业。染料的产生与发展具有悠久的历史，最初染料的产生是在植物中提取的，直到 19 世纪 50 年代，Perkin 第一次合成了染料马尾紫，标志着染料进入人工合成的时代[1]。

变色染料是一种具有特殊功能的材料，是指其分子在光、热、电场等外在条件作用下能够随外在条件变化而改变颜色的染料[2,3]。根据其不同的变色机理可以分为以下几类：光敏变色染料[4,5]、热敏变色染料[6,7]、湿敏变色染料[8]、压敏变色染料和导电变色染料[9,10]。随着染料在工业行业的快速发展，现如今，染料不仅仅用在纺织品、非纺织品的着色和油墨上，更被用到情报显示、能量转换、医疗等多个行业[11,12]。热敏变色染料是最重要的功能性染料之一，因为它和许多的生产、人们的生活密切相关，因此得到了人们的关注。

4.1.1 热敏变色染料

热敏变色染料是指某些物质在加热或冷却时其吸收光谱发生变化的功能性染料[13,14]。引发其光谱发生变化的原因有多种，可概括为温度变化的过程中染料分子结构发生变化、染料分子内电子发生转移和染料分子间质子的转移。

热敏变色染料有单一变色型和多变色型两种，单一变色型即其从有色变为无色或从无色变为有色，多变色型即从一种颜色变为另外一种颜色。热敏变色染料，按照其变色的过程，可分为可逆热敏变色染料和不可逆热敏变色染料。可逆热敏变色染料加热到某一温度时，其颜色发生变化，出现一种新的颜色，当温度降低颜色又会随之复原，颜色变化具有一定的可逆性[15]。这种染料是具有记忆功能的，可多次使用。不可逆热敏变色染料则不然，只能发生一次颜色变化，是单方向的，因此不能被反复使用。由于可逆变色染料具有记忆功能，是一种智能型染料，因此具有很重要的经济价值和社会意义。

4.1.1.1 可逆热敏变色染料

目前，现有的可逆热敏变色染料根据其性能和组成划分，可分为无机类、有机类和结晶类。

（1）无机类可逆热敏变色染料 据文献报道，在无机类可逆热敏变色染料中，主要有 Hg、Ag 等金属的碘化物、配合物复盐以及过渡金属的配合物这三类，如表 4.1 所示。其大致可分为以下四种：①多数金属离子化合物；②部分金属配合物，常见的是含氮的碱性物与铜离子或镍离子的配合物；③一些带结晶水的钴、镍等的无机盐类；④铬酸盐及其混合物。

表 4.1 常见的无机类可逆热敏变色染料

无机类热敏变色染料	变色情况	变色温度/℃
Cu_2HgI_4	红—黑	67
$HgI_2 \cdot CuI$	胭脂红—咖啡	65
$HgI_2 \cdot AgI$	暗黄—暗褐	45
HgI_2	红—蓝	137
Ag_2HgI_4	黄—橙	50
$Ag_2HgI_4(57\%)$-$Cu_2HgI_4(43\%)$	橙—红	34.2
$NiCl_2 \cdot 2C_6H_{12}N_4 \cdot 10H_2O$	绿—黄	60
$NiBr_2 \cdot 2C_6H_{12}N_4 \cdot 10H_2O$	绿—蓝	60
$Ni(NO_3)_2 \cdot 2C_6H_{12}N_4 \cdot 10H_2O$	桃红—红紫	75
$CuSO_4 \cdot 2C_6H_{12}N_4 \cdot 5H_2O$	蓝—翠绿	76
$CoSO_4 \cdot 2C_6H_{12}N_4 \cdot 9H_2O$	桃红—紫	60
$Co(NO_3)_2 \cdot C_6H_{12}N_4 \cdot 10H_2O$	桃红—绛红	75
$CoCl_2 \cdot 2C_6H_{12}N_4 \cdot 10H_2O$	粉红—天蓝	35
$CoBr_2 \cdot 2C_6H_{12}N_4 \cdot 10H_2O$	粉红—天蓝	40
$CoI_2 \cdot 2C_6H_{12}N_4 \cdot 10H_2O$	粉红—绿	50

无机类热敏变色染料当在外部加热达到一定温度时，其分子形态或结构发生改变而引起颜色的变化，进而有很好的用途。无机类可逆热敏变色染料一方面具有合成工艺简单、成本低的优势，但另一方面也具有变色情况不是很集中、变色温度精度较低、色差 ΔE 较小、温度的变化范围较窄等劣势，因此其应用

也受到了一定的限制。

（2）**有机类可逆热敏变色染料** 有机类可逆热敏变色染料种类繁多，常见的有席夫碱类、螺环类、双蒽酮类及荧烷类等[16]。一般来说，它们是由电子受体、电子供体和溶剂三部分组成的，具体的变色机理因结构的不同而有差异。有机可逆热敏变色染料按其组成可分为两类：一是单一组分化合物染料，它是由一种化合物受热后发生了组成或结构改变而产生颜色变化的；二是多组分复配物染料，即单一化合物受热时本身并不会发生颜色变化，在与其他特定化合物混合后而产生颜色变化。

① 席夫碱类可逆热敏变色染料：席夫碱种类多样，主要包括有含邻羟基的菲类席夫碱和双席夫碱、席夫碱聚合物类和水杨醛及其衍生物的席夫碱等。席夫碱类变色染料的结构复杂，变色温度普遍偏高（223～240℃），而且变色的灵敏度不高，因此其在工业上的应用受到了一定的限制。以双水杨醛缩芳胺类化合物为例，其变色中结构的变化如图 4.1 所示。

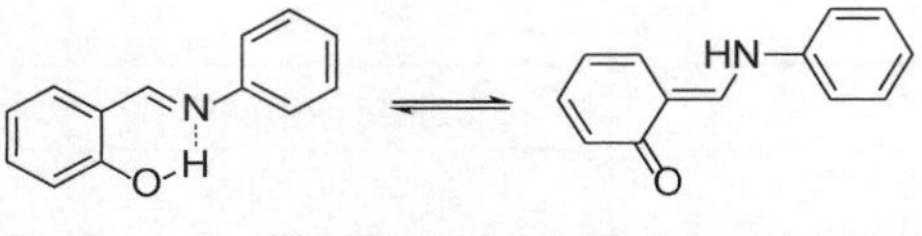

图 4.1 双水杨醛缩芳胺烯醇-酮变化过程

② 螺环类可逆热敏变色染料：螺环类可逆热敏变色染料早期报道的主要是螺环吡喃类，而螺环吡喃类变色染料有两种构型——螺环构型和开环构型。另外，这类化合物既具有热色性又具有热光性，其在加热熔融和光照过程中能开环显色。螺吡喃化合物的开环可由弱酸性物质来引发，如苯酚。这类化合物的缺点是耐疲劳性较差，经过数次的变色过程会逐渐降解而失去变色能力。其中吲哚啉螺苯并吡喃衍生物的分子结构如图 4.2 所示。

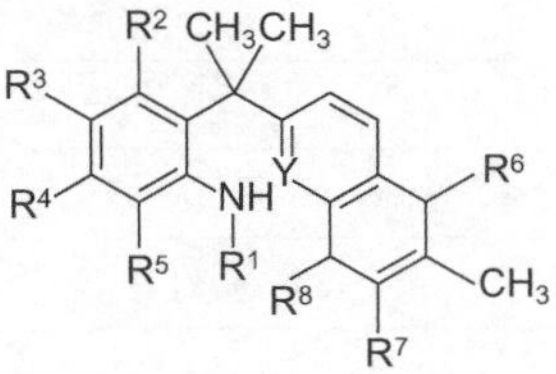

图 4.2 吲哚啉螺苯并吡喃衍生物的分子结构

（R^1=C_1～C_{20}，芳烷基，异丁烯酸甲酯；R^2～R^7=H 等；R^8=H，异丁烯酸甲酯等；Y=O，X）

③ 双蒽酮类可逆热敏变色染料：双蒽酮类可逆热敏变色染料是利用结构中

的碳碳双键将苯环或类苯环的共轭体系连接成一个大的共轭体系，其中碳碳双键的碳原子可以和环上的桥头碳或苯环相连。虽然这类物质发现很早，研究较多，但其变色机理至今还不清楚，可能是加热过程中发生平面构型扭转或是生成了双自由基。常见的此类物质母体结构如图4.3所示。

④ 荧烷类可逆热敏变色染料：荧烷类可逆热敏变色染料是目前应用最广泛而且用量最大的一类染料[17-19]，这类染料通常是同显色剂和溶剂一起作用变色的。其变色机理是电子发生转移引起染料结构变化而发生变色。当前，关于荧烷的研究多集中于含有杂环的一类，如图4.4所示。其颜色变化由隐色剂决定，颜色深浅由显色剂决定，变色温度由溶剂决定。一般情况下，隐色剂和显色剂的氧化还原电位类似，但在温度改变时，其氧化还原电位的变化程度是不同的，这使得反应的方向随着温度的改变而改变，同时隐色剂的结构发生改变，使体系的颜色发生改变。此外，这种体系颜色的变化会随温度变化而呈现可逆的变化效果，这是因为在反应中电子的得与失会随温度的改变而发生可逆变化。

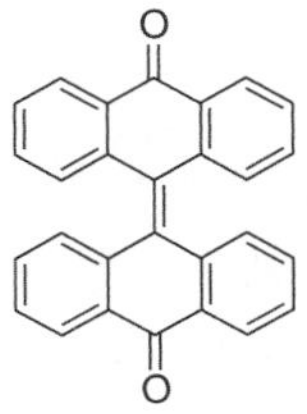

图4.3　双蒽酮类可逆热敏变色染料的母体结构

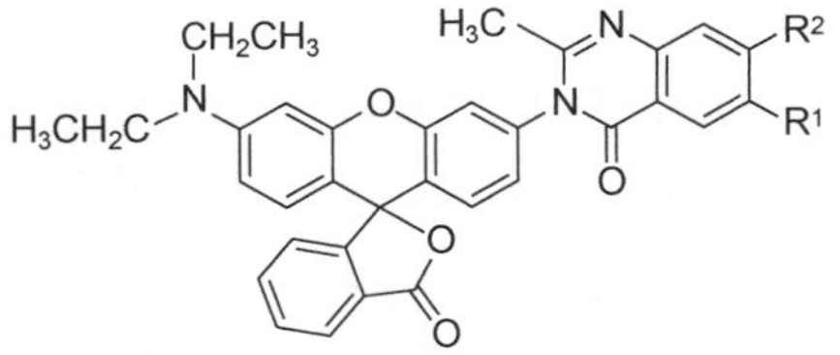

图4.4　含杂环的荧烷结构图

（3）结晶类可逆热敏变色染料　液晶是一种介于液态与固态之间的物质状态，它没有固态物质的刚性，却具有液体的流动性，并保留着部分晶态物质分子的各向异性有序排列而形成的一种中间态。结晶类可逆热敏染料颜色的改变是由晶格结构变化而引起的，即当外部环境改变时，晶体会从一种颜色变为另一种颜色，且变化是可逆的。

从排列方式来看，热致液晶包括胆甾液晶、近晶液晶和向列液晶三类。但最主要的且应用最多的是胆甾液晶，胆甾液晶发现的最早，呈乳白色液体状，其分子分层排列，逐层叠合，并且都与层面平行。胆甾液晶不同层中分子长轴的方向不同，分子长轴的方向逐层向两边旋转一个角度，从而呈螺旋结构，它的层间距称为螺距，会随温度的改变而改变，且因螺距的不同会反射出不同波长的光，从而导致颜色发生变化[20,21]。人类曾使用最多的是利用胆甾醇液晶染料经微胶囊化制成的液晶油墨，其具有变色灵敏度高、变色温度低等优点；但其保存期较短，只能使用在深色的底色上，而且价格较高，从而限制了其在工业中应用。

4.1.1.2 不可逆热敏变色染料

不可逆热致变色染料是指加热到一定温度染料颜色会随之发生变化，且这种变化具有单向性，当冷却后不能恢复到原色的一种染料。

目前，不可逆热敏变色染料主要应用于生产工艺的监测和油墨的制备，但其不具有可逆性而导致不能重复使用，使其在工业中的应用受到限制。

4.1.2 微胶囊技术

微胶囊技术是一种保护技术，是使用一些能够成膜的物质将一些性质不稳定、易挥发和敏感性强的材料包裹成微小粒子[22,23]。其中被包覆在微胶囊内部的物质称为芯材，通常是固体、液体或气体；微胶囊外部由成膜材料形成的包覆膜称为壁材，一般是一些高分子材料。微胶囊粒径大小一般在 1～1000μm，囊壁厚度一般在 0.2～10μm。微胶囊的芯材被很坚固而且没有缝隙的囊壁给包覆起来，其结构可以清楚地与芯材分辨开来。

微胶囊技术的研究开始于 20 世纪 30 年代，美国 Atlantic Coast Fishers 公司率先提出利用微胶囊的技术生产鱼肝油，随后，美国的 NCR 公司采用复凝聚法制备了含油明胶的微胶囊。20 世纪 80 年代以后，微胶囊技术得了快速的发展，许多新的微胶囊技术被申请专利。21 世纪后，人们认识到微胶囊技术的价值，微胶囊技术作为一种有效的商品化方法开始被广泛使用。目前，微胶囊技术的应用领域更加广泛，应用于医药[24-26]、食品[27,28]、农药[29]、涂料[30-32]、油墨[33,34]、黏合剂[35]、化妆品[36,37]以及纺织[38]等各个行业，并获得良好的成效。

随着各项技术的发展，微胶囊化示温染料已经显现出较好的前景，将示温染料进行微胶囊包覆[39]，其优点表现在以下几个方面：

① 提高了示温染料的化学稳定性：经微胶囊技术包覆的示温染料会与环境隔离开，在使用过程中一些试剂只能作用在囊壁上，很大程度上保护了示温染料，从而提高了其耐化学性。

② 提高了染料的耐久性：通过微胶囊技术包覆后的示温染料即使受热熔融后，因外层包覆有壁材而使有效成分不会流失，从而提高了染料的耐久性。

③ 避免染料"相分离"和"过冷"发生：微胶囊的囊壁使示温染料的相变在微胶囊内部完成，这能避免示温染料的"相分离"和"过冷"发生。

④ 提高了示温染料的利用率：经微胶囊技术包覆后，示温染料被包覆在囊壁内，其流动性受到限制，在使用时不会黏附到机器表面，所以其利用率得到提高。

⑤ 环保：经微胶囊技术包覆过的示温染料同包覆之前相比更容易清理，而且清理后的废水处理也很容易。

4.1.2.1 微胶囊化的芯材与壁材

微胶囊化的芯材种类繁多，可为油溶性芯材、水溶性芯材或两者的混合物，其状态可为粉末、固体、液体或气体。如交联剂、催化剂、疏水化合物及无机胶体等。

微胶囊包覆的好与坏主要取决于壁材，因此在壁材的选择时需要满足一定的要求，如需具有好的缓释性能，与芯材不能反应，有一定的溶解性、稀释性和稳定性等[40]。微胶囊的壁材通常为高分子材料，包括天然的[41,42]、半合成的及全合成的。

（1）**天然高分子材料**　天然高分子材料是目前最常见的一类壁材，具有稳定性、无毒以及成膜性优良等优点，常见的高分子材料有壳聚糖、树胶、淀粉、阿拉伯胶、环糊精及其衍生物。

（2）**半合成高分子材料**　当前使用最多的半合成高分子材料是一些纤维素类衍生物[43]。如甲基纤维素、乙酸纤维素和邻苯二甲酸乙酸纤维素等。它的特点是毒性小、黏度大、成盐后溶解度增加，但易水解，因此在使用时要现配现用。

（3）**全合成高分子材料**　全合成类高分子是成膜性和稳定性均好的一类材料，可分为可生物降解和不可生物降解两类，其中可生物降解材料包括聚原酸酯、脂肪族聚碳酸酯、聚磷酸酯等。不可生物降解的全合成的高分子材料主要有脲醛树脂[44]、三聚氰胺-甲醛树脂等。

4.1.2.2 微胶囊的制备方法

微胶囊的制备方法多种多样，根据包覆原理可分为物理法、化学法和物理化学法三种。

（1）**物理法**　物理法是利用物理和机械原理，通过特定的机器设备将芯材与壁材的混合液同时分散成雾滴，然后蒸发或冻结使壁材固化在芯材表面制备微胶囊的方法。目前，使用较多的有喷雾干燥法、挤压法和空气悬浮法等。

① 喷雾干燥法：喷雾干燥法是通过机械喷雾技术将水溶液以微滴的形式喷入高温介质中，由于液滴经喷雾被分成非常细微的雾滴，其表面积很大，细小的雾滴与干燥介质之间有良好的热交换，使溶剂快速蒸发微胶囊囊膜快速凝固制取微胶囊[45,46]的方法。它是一种方便、经济、操作简单的方法，制得的微胶囊颗粒均匀，且溶解性好。

② 挤压法：挤压法是在一种低温下操作制备微胶囊的方法[47]，其作用原理是首先将芯材分散到壁材当中，借助外力使其均匀分散，再将其倒入一个密封的容器之中，利用压力使已经分散好的分散液经过膜孔而呈细丝状并滴入吸水剂中，此时壁材发生硬化并覆盖在芯材的表面，经分离、干燥、筛选后得到微胶囊[48]。此法能够形成较完整的壁材结构，具有良好的包裹性能，适合一些敏感性物质的包覆，如香料、维生素 C 和色素等。

③ 空气悬浮法：空气悬浮法的工作原理是将芯材放于床层上，热气流经过床层将芯材吹拂起来，芯材上升到一定高度后会从容器外缘下落，并做循环运动，溶解的壁材经过喷头雾化，喷涂在芯材的表面，干燥、沉积，反反复复经过多次后，芯材表面被厚度均匀的壁材所包覆，进而使芯材微胶囊化[49,50]。

（2）化学法　化学法是利用单体发生聚合反应，形成密集的壁材将芯材包覆形成微胶囊的方法。根据不同的原料和聚合方式，可分为界面聚合法、原位聚合法和锐孔-凝固浴法[51]等。

① 界面聚合法：界面聚合法是将两种活性单体分别溶于两种不同的溶剂中，当一种溶剂分散到另一种溶剂中时，这两种单体就会在两种溶剂的界面发生聚合反应，芯材被生成的聚合物所包覆并形成微胶囊[52,53]。界面聚合法有很多优点，如工艺方法简单、反应可以在常温下进行、反应单体的纯度和配比没有严格的要求等，因此得到广泛使用。

② 原位聚合法：原位聚合法制备微胶囊的原理与界面聚合法非常相似[54]。它是利用水溶性和油溶性单体分别溶于两种互不相溶的液体中，这两类单体分别处于芯材的内外两侧，并发生聚合反应形成低分子量的预聚物，随着反应的不断进行，形成的预聚物薄膜可覆盖住芯材液滴的全部表面，最终形成稳定的固体胶囊壁材。利用此法制备的微胶囊在分散性和囊壁厚度方面具有良好的品质，微胶囊的粒径一般在 5～100μm。

③ 锐孔-凝固浴法：锐孔-凝固浴法中使用的壁材是可溶性的，其原理是将芯材和壁材以一定的比例混合溶解在同一溶液中，并利用微孔装置，将此溶液逐滴添加到固化剂中，溶液中的壁材在其中迅速固化进而形成微胶囊颗粒[55,56]。

其采用的壁材大多为海藻酸钠、明胶和硬化油脂等[57]。

（3）**物理化学法**　物理化学法的工作原理是通过改变外界的反应条件使作为壁材的成膜材料从连续相中分离出来，从而把芯材包覆形成微胶囊。主要有相分离技术、干燥浴法等，其中最具有代表性的是相分离技术。

① 复凝聚法：当两种或多种带有相异电荷的胶体水溶液混合时，由于电荷间的相互作用而发生相分离，分离出凝聚胶体相和稀释胶体相，凝聚胶体相可作为微胶囊的壁材沉积在芯材的表面，从而得到微胶囊[58-60]。复凝聚法的主要影响因素是胶体溶液的 pH 和浓度。

② 单凝聚法：先将芯材分散在含有壁材的水溶液中，利用外力使其分散均匀，再加入一定量的凝聚剂，此时溶剂中的水与凝聚剂相结合，从而使壁材的溶解性降低，和芯材一起从溶液中析出，覆盖在芯材微粒的表面，形成微胶囊[61,62]。单凝聚体系常用的液相为水和醇，所以所选用的芯材必须不溶于水和乙醇。该方法在制备微胶囊时不易控制其颗粒的大小，所以在工业中的应用受到一定的限制。

除了上面所述的方法外，目前还有一些新的微胶囊制备方法，例如分子包埋法[63]、微通道乳化法[64]、超临界流体快速膨胀法[65,66]、酵母微胶囊法[67-69]、模板法[70,71]等。以有机可逆热敏变色染料为芯材制备微胶囊时使用最多的化学方法是原位聚合法和界面聚合法。

4.1.2.3　活性染料微胶囊化基本步骤

广义上讲，微胶囊具有改善物质性质及其外观的能力，确切地讲，微胶囊可以储存微细状态的物质，并在需要时释放该物质。通过对物质进行微胶囊化可以实现许多目的：改善被包囊物质的物理性质（外观、颜色、表观密度、溶解性等）；提高物质的稳定性，使物质免受环境的影响；改善被包囊物质的反应活性、耐久性（延长挥发性物质的储存时间）、压敏性、热敏性和光敏性；减少有毒物质对环境造成的不利影响；使药物具有靶向功能；根据需要持续释放物质进入外界环境；降低物质毒性；屏蔽气味；将不相容的化合物隔离等。

在活性染料的微胶囊化工艺中，基本步骤为：首先将活性染料溶液分散成细粒，然后再用微胶囊的壳材料包覆。若微胶囊化所用介质也为液态，在细分活性染料溶液时可应用乳化方法，即可采用超声振动、机械搅拌或其他手段，总之最终要使活性染料溶液分散成小球体。由于活性染料易形成水溶液，但微胶囊化工艺适宜对油性体系的包囊，因此要将活性染料进行双重乳化，即形成双重乳状液。微胶囊化的具体步骤可通过图 4.5 说明[72]。

① 将已分细的活性染料双重乳状液分散到微胶囊化的介质中。

② 向分散体系中加入成膜材料。

③ 通过某一种方法，将壳材料沉积、聚集或包覆在已分散的活性染料双重乳状液周围。在一般的微胶囊包合过程中，壳材料并不能全部被消耗。

④ 在很多包囊实例中，微胶囊的囊壳是不稳定的，需要用化学或物理的方法对其进行固化处理，以达到一定的机械强度。

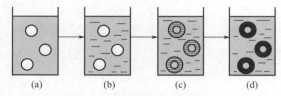

图 4.5　微胶囊化的基本步骤

（a）芯材料在介质中分散；（b）加入壳材料；（c）含水壳材料的沉积；（d）微胶囊壳的固化

4.1.2.4　双重乳状液理论

当乳状液进一步分散在另一种连续相中，称为双重乳状液或多重乳状液，双重乳状液有两种类型——W/O/W 型和 O/W/O 型。对于活性染料首先要形成W/O/W 型乳状液再进行包囊。W/O/W 依次叫内水相、油相和外水相，内水相和外水相组成可以相同，也可以不同[72,73]。双重乳状液中内部液滴 W/O 的粒径一般小至 0.5μm，而外部双重乳状液滴的粒径一般大于 10μm。

双重乳状液的制备有两种方法：一步乳化法和两步乳化法。一步法不易控制，因此很少采用。由两步乳化法制备的双重乳状液采用两种乳化剂：疏水性乳化剂Ⅰ（制备 W/O 型乳状液）和亲水性乳化剂Ⅱ（制备 W/O/W 型乳状液）[74,75]。两步乳化法形成双重乳状液示意图如图 4.6。

图 4.6　两步乳化法形成双重乳状液示意图

第一步，先用疏水性乳化剂Ⅰ在高剪切条件下（超声、均质）制备成 W/O型乳状液；第二步，再用亲水性乳化剂Ⅱ与 W/O 型乳状液制成 W/O/W 型双重乳状液。但是乳化不需要任何剧烈搅拌，因为过度的搅拌会引起流溢破坏导致形成简单的 O/W 型乳状液。

双重乳状液的组成非常重要，因为不同的表面活性剂以及油相的性质和浓度都会影响双重乳状液的稳定性。外相采用复合乳化剂对稳定性至关重要，内相必须使用大量疏水性乳化剂，其质量分数一般为内相乳状液的 10%～30%，而亲水性乳化剂的浓度必须低，其质量分数一般为 0.5%～5.0%。内相的乳化剂部分移动到外相界面上，影响了外相的乳化剂。外相乳状液的 HLB 应是两种乳化剂 HLB 的加和，另外还需要考虑油相体积和内相中被包埋的材料的性质。

双重乳状液的制备工艺也存在很多问题，主要是热力学不稳定性。为了提高双重乳状液的稳定性，可以从三个方面着手：①可以通过增加内相水相的黏度或降低液滴的大小稳定内部 W/O 型乳状液；②可以增加油相黏度或在油相中加入其他携带剂，改变油相性质；③也可以使用高聚物乳化剂、具有双亲性的大分子（蛋白质和多糖）或胶体、固体颗粒等在油水界面形成坚固的界面膜[76]。

4.1.3 热敏染料微胶囊在医药方面的应用

微胶囊化出现于 20 世纪 30 年代，药物胶囊化距今已有 80 多年的历史。1936 年美国大西洋海岸渔业公司首次申请制备鱼肝油明胶微胶囊的专利。1949 年 Wurster 发明了空气悬浮法技术，实现了固体微粒的微胶囊化。

正常小孩腋表体温为 36～37℃，腋表体温如超过 37.4℃可认为是发热。小儿发烧是常见多发疾病，如不及时处理，体温超过 41℃，会对小儿大脑造成不同程度的损伤。现在市面上大部分退热贴都是通过退热贴内水凝胶中的水分汽化而将体内的过多热量带出去，从而达到降低体温的效果[77]。由于透气性差和凝胶中高分子骨架的固水作用，水分从这种退热贴中蒸发的速率是很慢的，这导致了大部分退热贴的退热效果不是很理想。可能刚贴上会由于温差的原因起到一定效果，但当凝胶温度与体温一致时，就不再起作用了。而且这种退热贴都是一次性的，使用一次后，水分蒸发得差不多了就不能再用了，从而增加了消费者的成本。微胶囊由于粒径小、囊壁厚度很薄、比表面积很大，具有了巨大的传热面积，使传热得到极大的改善。微胶囊应用于退热贴可以大大提高退热贴的退热效果，而且，退热贴冷却后还可多次使用，降低了消费者的成本。但微胶囊用于退热贴需要解决所用材料的相变温度、传热效率、微胶囊与凝胶相容性等诸多问题。

4.2 热敏染料 CK-16 复配物的制备

一般来说，人们所使用的染料之所以具有颜色，是因为其具有共轭体系；

很多热敏变色染料复配物自身无色是因为其发色基团的共轭体系中断，在接收到显色剂等物质后其共轭体系得到恢复，进而出现颜色[78-80]。热敏变色染料的共轭体系随着温度的改变而变化，进而导致了其颜色的改变。近年来，热敏变色染料的研究向低温型和可逆性方向发展，而当前国内这类染料多以复配物的形式为主。可逆热敏变色染料由发色剂、显色剂及溶剂三部分组成[81]。发色剂决定染料颜色的变化，显色剂决定染料颜色变化的深浅，溶剂决定染料变色的变色温度[82]。当发色剂与显色剂之间发生电子转移平衡时，表现为可逆热敏变色现象，且这三者的质量比对染料的变色速度、变色效果等均有很大的影响。

CK-16 学名 2-氯-6′-二乙氨基螺[异苯并呋喃-1,9′-氧化蒽]-3-酮，是目前世界压敏染料行业用量最大的红色染料，具有发色速度快和浓度高等优点[83,84]，其显色机理如图 4.7 所示。

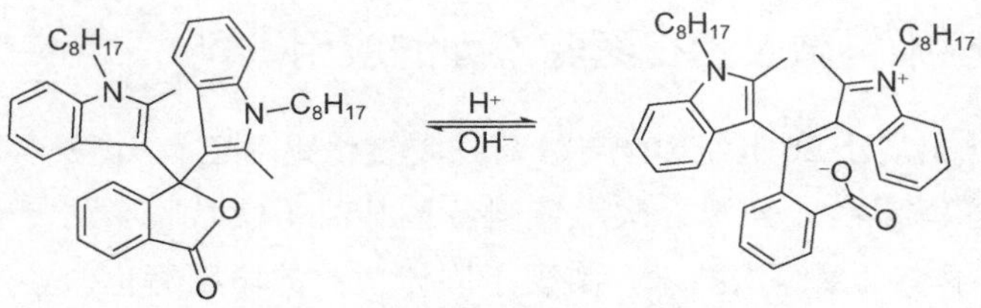

图 4.7　CK-16 的显色机理

到目前为止，大量文献报道了将结晶紫内酯作为复配物中的隐色剂来制备热敏染料[85-88]，但有关将 CK-16 作为复配物隐色剂来制备热敏染料的研究报道很少。本节选用荧烷染料 CK-16 作为发色剂，双酚 A 作为显色剂，十四醇和十六醇作为体系的溶剂，通过差热扫描热分析仪和变色性能测试，得出具有最佳变色效果的热敏染料 CK-16 复配物，通过对这一过程的研究来进一步拓宽其应用研究的范围。

4.2.1　溶剂成分比例的确定

为了得知十六醇所占溶剂比例对溶剂熔点的影响，对十六醇比例不同的溶剂样品按十四醇∶十六醇（质量比）=9∶1、8∶2、6∶4、5∶5、4∶6、2∶8、1∶9 的比例在相同的条件下进行配制，并分别进行了 DSC 测试，根据 DSC 的数据绘制出表 4.2 和图 4.8。为更好地体现十六醇占溶剂含量的不同对溶剂熔点的影响，根据表 4.2 的数据绘制了图 4.9。

表 4.2　不同质量比溶剂的熔点

编号	质量比	熔点/℃	编号	质量比	熔点/℃
1	9 : 1	36.44	5	4 : 6	40.55
2	8 : 2	37.85	6	2 : 8	44.21
3	6 : 4	38.14	7	1 : 9	46.05
4	5 : 5	39.09			

如图 4.8 所示，随着溶剂中十六醇含量的增加，其熔点也升高。图中十四醇：十六醇=9：1、2：8时，曲线出现两个峰，根据对实验过程的分析和研究，可推测前一个小峰可能是在对样品进行 DSC 测试的时候没有将样品压实导致的误差。

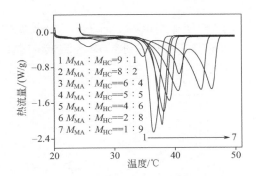

图 4.8　十六醇含量不同时的 DSC 图

从图 4.9 中可以更加清楚地看到，随着十六醇含量的增加，其熔点也增加，十六醇占比从 10% 到 60% 时，其熔点是逐渐增加的，当十六醇占比达到 80% 及以上时，其熔点快速增加。因此通过对比，选择十四醇：十六醇=4：6 这个比例最佳。

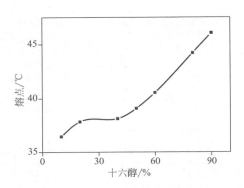

图 4.9　十六醇所占溶剂比例对溶剂熔点的影响

4.2.2 显色剂对染料熔点及变色性能的影响

为了得知显色剂占复配物比例对复配物熔点的影响，对显色剂比例不同的复配物样品分别进行了 DSC 测试。固定发色剂 CK-16 和溶剂的比例，按照发色剂：显色剂：溶剂（质量比）=1：3：40、1：4：40、1：5：40、1：6：40、1：7：40 的配比准确称量样品，先将称量好的一定量的十四醇、十六醇放入烧杯中，放在 70℃ 恒温水浴中，磁力加热搅拌器搅拌，边搅拌边加入称量好的一定量的双酚 A，使双酚 A 完全溶解于十四醇与十六醇的混合液中；再加入一定量的 CK-16，搅拌反应 1h，形成均匀混合液，取出，室温下使其凝固，然后用 DSC 测它们的熔点并探究样品颜色随温度的变化规律。

记录并分析得图 4.10 及表 4.3。如图 4.10 所示，当显色剂比例增加时，样品熔点逐渐降低。图 4.10 中曲线都出现了两个峰，根据对实验过程的分析和研究，可推测前一个小峰可能是在对样品进行 DCS 测试的时候没有将样品压实导致的误差。

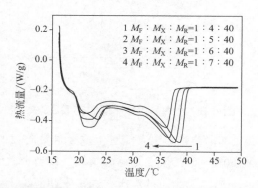

图 4.10 不同显色剂含量的 DSC 图（M_F、M_X、M_R 分别代表 $M_{发色剂}$、$M_{显色剂}$、$M_{溶剂}$）

表 4.3 不同显色剂比例的样品的熔点

编号	质量比（发色剂：显色剂：溶剂）	熔点/℃	编号	质量比（发色剂：显色剂：溶剂）	熔点/℃
8	1：3：40	38.90	11	1：6：40	36.64
9	1：4：40	38.63	12	1：7：40	36.10
10	1：5：40	37.66			

为了观察显色剂的含量对染料随温度的变色性能的影响，进行了如下实验：利用水浴恒温电热器使样品可以保持在指定温度下，将装有样品的小玻璃瓶放在 100℃ 水中使其溶化，倒少许样品在水浴恒温电热器的双层玻璃杯上，并铺

成薄薄的一层，从 30℃开始，升温速率为 0.1℃/min，同时利用微距镜头配合手机拍照拍下每个温度下的样品的颜色图片，保存，最后利用 jcpicker 软件分析其红绿蓝三原色的色值。记录并分析得出图 4.11（a）～（e）的样品红绿蓝色值随温度的变化曲线。

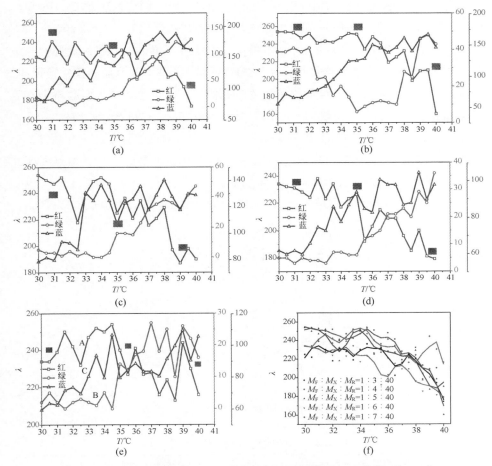

图 4.11　不同含量显色剂所对应的红绿蓝色值随温度的变化曲线

（a）$M_{发色剂}$：$M_{显色剂}$：$M_{溶剂}$=1：3：40；（b）$M_{发色剂}$：$M_{显色剂}$：$M_{溶剂}$=1：4：40；

（c）$M_{发色剂}$：$M_{显色剂}$：$M_{溶剂}$=1：5：40；（d）$M_{发色剂}$：$M_{显色剂}$：$M_{溶剂}$=1：6：40；

（e）$M_{发色剂}$：$M_{显色剂}$：$M_{溶剂}$=1：7：40；（f）样品红色色值随温度的变化曲线；

（a）～（e）图中的纵坐标从左至右分别对应着红、绿、蓝三色的波长

　　观察图 4.11（a）～（e）图形可知样品的红色色值随着温度的增加而下降，在熔点附近下降加快，颜色变化更加明显，根据对图 4.11 中（f）的观察，当显色剂在复配物样品整体中所占比例为 4 时，复配物样品的颜色随温度的变化

更为直观和明显，所以选用显色剂在复配物样品整体中所占比例为 4 来进行下一步实验。

4.2.3　溶剂对染料熔点及变色性能的影响

为了得知溶剂占复配物比例对复配物熔点的影响，固定发色剂 CK-16 和显色剂双酚 A 的比例，按照发色剂：显色剂：溶剂（质量比）=1：4：20、1：4：30、1：4：40、1：4：50、1：4：60 的配比准确称量样品，先将称量好的一定量的十四醇、十六醇放入烧杯中，放在 70℃恒温水浴中，磁力加热搅拌器搅拌，边搅拌边加入称量好的一定量的双酚 A，使双酚 A 完全溶解于十四醇与十六醇的混合液中；再加入一定量的 CK-16，搅拌反应 1h，形成均匀混合液，取出，室温下使其凝固，然后用 DSC 测定熔点并探究样品颜色随温度的变化规律。记录并分析得图 4.12 及表 4.4，可以看出：当溶剂比例增加时，样品熔点逐渐升高。其中 $M_{发色剂}$：$M_{显色剂}$：$M_{溶剂}$=1：4：20、1：4：30、1：4：40、1：4：50、1：4：60 对应的熔点分别是 36.51℃、37.41℃、38.63℃、39.30℃、39.37℃。

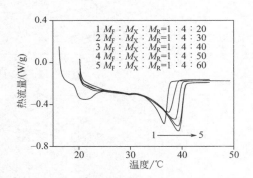

图 4.12　溶剂用量对复配物熔点的影响

表 4.4　不同溶剂比例的样品的熔点

编号	质量比（发色剂：显色剂：溶剂）	熔点/℃	编号	质量比（发色剂：显色剂：溶剂）	熔点/℃
15	1：4：20	36.51	17	1：4：50	39.30
16	1：4：30	37.41	18	1：4：60	39.37
10	1：4：40	38.63			

为了观察溶剂的含量对染料随温度的变色性能的影响，进行了如下实验：利用水浴恒温电热器使样品可以保持在指定温度下，将装有样品的小玻璃瓶放在 100℃水中使其溶化，倒少许样品在水浴恒温电热器的双层玻璃杯上，并铺

成薄薄的一层，从 30℃开始，升温速率为 0.1℃/min，同时利用微距镜头配合手机拍照拍下每个温度下的样品的颜色图片，保存，最后利用 jcpicker 软件分析其红绿蓝三原色的色值。记录并分析得出图 4.13（a）～（e）的样品红绿蓝色值随温度的变化曲线。

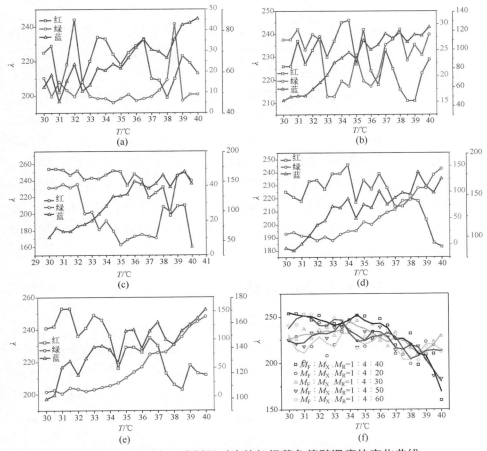

图 4.13　不同含量溶剂所对应的红绿蓝色值随温度的变化曲线

（a）$M_{发色剂}$：$M_{显色剂}$：$M_{溶剂}$=1:4:20；（b）$M_{发色剂}$：$M_{显色剂}$：$M_{溶剂}$=1:4:30；（c）$M_{发色剂}$：$M_{显色剂}$：$M_{溶剂}$=1:4:40；（d）$M_{发色剂}$：$M_{显色剂}$：$M_{溶剂}$=1:4:50；（e）$M_{发色剂}$：$M_{显色剂}$：$M_{溶剂}$=1:4:60；（f）样品红色色值随温度的变化曲线；（a）～（e）图中的纵坐标从左至右分别对应着红、绿、蓝三色的波长

　　观察图 4.13（a）～（e）图形可知样品的红色色值随着温度的增加而下降，在熔点附近下降加快，颜色变化更加明显。当溶剂所占比例较少（为 20、30）时，复配物样品颜色随温度的变化性能不是特别强，熔点也较低；当溶剂所占比例增加（为 50、60）时，复配物样品熔点升高，颜色随温度的变化性能不是很稳定；当溶剂在复配物样品整体中所占比例为 40 时，复配物样品的颜色随温

度的变化更为直观和明显，所以选用溶剂在复配物样品整体中所占比例为40。所以，当 $M_{发色剂}：M_{显色剂}：M_{溶剂}$=1：4：40时，样品熔点为38.63℃，颜色随温度的变化性能也很强，是做复配物的合适比例。

4.2.4　小结

采用荧烷染料CK-16作为发色剂、双酚A作为显色剂，十四醇：十六醇（质量比）=4：6的比例混合作为溶剂，制备得到热敏染料CK-16复配物，通过对原料的配比进行摸索，利用差热扫描热分析仪（DSC）对其进行分析，研究了复配物中每一种物质对其性能的影响，得出样品熔点及颜色随温度的变化的规律如下：①溶剂的熔点随组分中十六醇的比例增加而逐渐升高。②当显色剂比例增加时，样品熔点逐渐降低；复配物的颜色随温度的升高而变浅，在熔点附近尤为明显；显色剂复配物整体中占比为4时样品的颜色随温度的变化最明显。③当溶剂在复配物中整体占比越多，整体熔点越高，样品颜色随温度变化越明显。

由以上研究可知：当 $M_{发色剂}：M_{显色剂}：M_{溶剂}$=1：4：40，溶剂十四醇：十六醇=4：6时，样品熔点为 38.63℃，颜色随温度的变化性能最强，为热敏染料CK-16复配物的最佳配比。

4.3　CK-16微胶囊的变色性能

热敏变色染料因其独特的性能而引起人们的普遍关注，目前人们所认识的性能最好的、应用最多的是热敏变色复配物[89,90]。但由于复配物自身的稳定性差，容易受环境中其他因素的影响而使其在应用方面受到限制。微胶囊技术的产生有效地解决了这一问题，利用微胶囊技术将热敏变色染料复配物进行包覆，微胶囊壁材的隔离作用避免了环境因素对可逆热敏变色染料的影响，在提高热敏变色染料复配物稳定性的同时，又避免了温度较高时变色染料里组分的流失，进而拓宽了其发展前景和应用领域[91-94]。

采用原位聚合法，以热敏染料CK-16复配物为芯材，脲醛树脂为壁材来制备热敏染料微胶囊[95]，通过扫描电镜和激光粒度分析仪对微胶囊的形貌和粒径进行表征，利用热重分析仪对微胶囊的耐热稳定性进行测定，最后对微胶囊进行温度测试，对其变色性能进行表征。

4.3.1　微胶囊的制备与表征

（1）预聚体的制备　取一定量尿素和甲醛溶液放入三颈瓶内，搅拌使尿素溶解后滴加三乙醇胺调节 pH 值为 8.5，缓慢升温至 75℃，保持恒温反应 1h，得黏稠透明脲-甲醛预聚体，反应如图 4.14 所示。

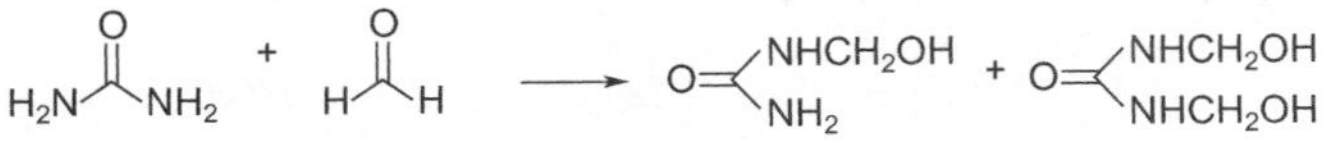

图 4.14　尿素与甲醛的加成反应

（2）囊芯的分散　所用囊芯即是热敏染料 CK-16 复配物，由第 3 章所述的方法制备，其发色剂：显色剂：溶剂（质量比）=1：4：40，其中溶剂十四醇：十六醇=4：6。

取一定量的囊芯和水放入三颈瓶内，在 70℃水浴下用高速剪切分散机以 1500r/min 的速度乳化分散一定时间，再转入 20℃水浴下继续分散一定时间，形成 O/W 型乳化液。

（3）微胶囊化极其后处理　将预聚体与乳化液按一定比例混合，加入一定的氯化钠和二氧化硅，充分搅拌使之溶解。在 35℃条件下缓慢加入乙酸调 pH 为 2.5。继续反应 1h，后加热至 65℃继续反应 30min，冷却至室温，洗涤、过滤、干燥后即得微胶囊，反应过程如图 4.15 所示。

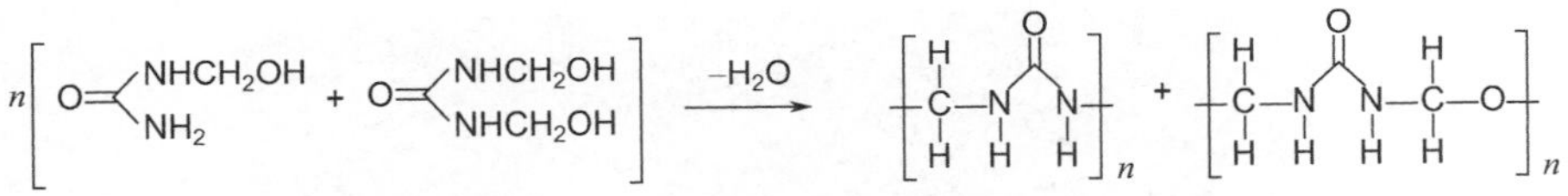

图 4.15　预聚体的缩聚反应

（4）扫描电镜测试　在扫描电子显微镜（SEM）进样台上贴上双面导电胶，用牙签蘸取少量微胶囊样品均匀涂抹在导电胶上，用吸耳球吹去多余粉末，再对样品进行喷金处理，最后将进样台放入日本日立公司生产的 S-3400N 型扫描电镜中对微胶囊样品进行微观形貌分析。

（5）微胶囊粒径大小及其分布测试　采用英国马尔文仪器有限公司的激光粒度分析仪，通过接收和测量散射光的能量分布，得出微胶囊颗粒的粒度分布特征。测试条件：温度为 25℃，分散介质为水。

（6）热稳定性测试　采用热重（TG）分析仪分别对热敏可逆变色染料和热敏染料可逆变色微胶囊进行热稳定性能测试。测试条件为：温度范围 20～800℃，升温速率 10℃/min，所用气体为 N_2，气流速率 20mL/min。

（7）热敏染料微胶囊颜色变化测试　用相机拍摄热敏染料微胶囊变色前后的照片，观察其颜色变化情况，表征微胶囊随温度变化时其颜色的变化性能。

4.3.2 微胶囊制备条件优化

4.3.2.1 预聚物、囊芯体积比

在其他条件相同的情况下，改变预聚物和囊芯的体积比（5∶1、7∶1、9∶1、11∶1），制备出不同体积比的微胶囊。

如图 4.16 所示，当预聚物与芯材的比例为 5∶1 时，微胶囊呈球形，但微胶囊少量包覆；当预聚物与芯材的比例为 7∶1 时，微胶囊呈球形，直径同样为 2μm 左右，微胶囊具有很好的表面形态，微胶囊较好包覆；当预聚物与芯材的比例为 9∶1 和 11∶1 时，未见完整的微胶囊结构。

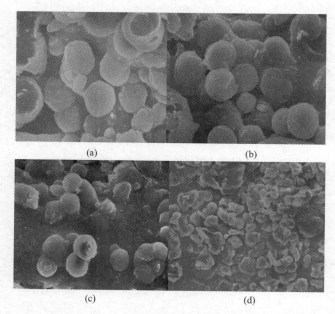

(a)　　　　　　　　(b)

(c)　　　　　　　　(d)

图 4.16　预聚物与芯材在不同比例下的微胶囊扫描电镜图

（a）预聚物∶芯材=5∶1；（b）预聚物∶芯材=7∶1；（c）预聚物∶芯材=9∶1；（d）预聚物∶芯材=11∶1

如图 4.17 所示，粒度仪对各体积比例下的微胶囊粒径进行测量，均与扫描电镜的结果相同。因此，当预聚物∶芯材=7∶1 时，制备的微胶囊各性能最好，此比例为最佳比例。

4.3.2.2 分散时间对微胶囊形貌的影响

在囊芯材料的分散阶段是采用高速离心机对其进行分散，乳化剪切的作用是打碎、乳化和分散染料颗粒，这其中如果乳化剪切的时间不够长，乳化分散的效果就不是很好，复配物就不能得到有效的粉碎，囊芯的粒径就会很大，必

然会导致包覆的微胶囊粒径很大。乳化剪切的时间越长，乳化分散的效果就会越好，囊芯的粒径会越细小而且均匀，最终制备的微胶囊颗粒越细小而且比较集中。当高速乳化剪切的时间达到一定时，剪切的时间对微胶囊尺寸的影响逐渐减小。在相同的转速下（800～1000r/min），其他条件不变，改变分散时间分别为10min、20min、30min、40min进行比较，如图4.18所示，扫描电镜显示，当分散时间为10min时，制备的微胶囊粒径比较大；当分散时间为20min时，粒径较小；当时间超过30min时，则对微胶囊破坏严重，未见到成型的微胶囊。

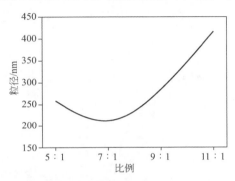

图 4.17　在不同比例下的粒径变化图

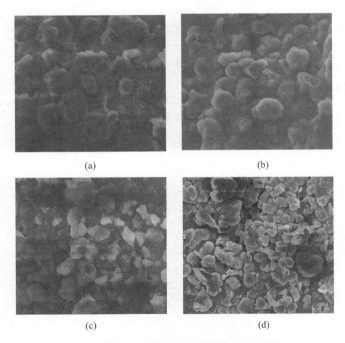

图 4.18　不同的分散时间所对应的粒径扫描电镜图

（a）乳化剪切 10min；（b）乳化剪切 20min；（c）乳化剪切 30min；（d）乳化剪切 40min

4.3.3　热稳定性能分析

图 4.19 为 CK-16、双酚 A、阿拉伯胶及不同芯材与预聚物比例下的热失重曲线。双酚 A 的 TGA 曲线显示双酚 A 在 180℃附近开始失重，到 300℃时质量基本上完全损失，这是由于双酚 A 的分解温度较低，随着温度的升高，热失重 TGA 曲线急剧下降，稳定性较差。比例不同的预聚物与芯材制成的四种微胶囊热失重曲线形状相似，从 150℃开始，微胶囊的囊壁脲醛树脂开始分解；当温度达到 250℃左右时，微胶囊的囊壁基本完全分解，随即囊芯开始分解；到 350℃左右，微胶囊分解完全。

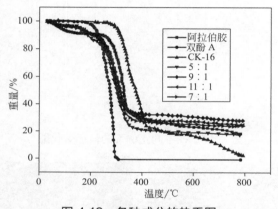

图 4.19　各种成分的热重图

如图 4.20 所示，热敏染料微胶囊随着温度的升高，其颜色会变浅，当温度达到一定时其颜色会发生一个突变，图中选用预聚物：芯材=7：1 的微胶囊进行研究，当温度达到 40℃时，其颜色会发生一个突变。

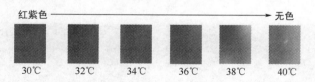

图 4.20　预聚物：芯材=7：1 的微胶囊变色图

4.3.4　小结

① 采用原位聚合法，以热敏染料 CK-16 复配物为芯材，脲醛树脂为壁材制备得到了热敏染料微胶囊。通过扫描电镜，观察得出预聚物：芯材=7：1 与乳化剪切 20min 的条件下得到的微胶囊大小分布比较均匀，相互之间黏结较少。

采用激光粒度仪对热敏染料微胶囊进行表征，得到粒径图，并从图中得出预聚物：芯材=7∶1 的条件下微胶囊的平均粒径为 2μm 左右。

② 采用热分析仪对 CK-16、双酚 A、阿拉伯胶及不同芯材与预聚物比例下的热敏变色染料微胶囊的热稳定性分别进行测试，对比它们的 TG 谱图可得，从 200℃左右开始微胶囊壁材开始分解；当温度达到 250℃左右时，微胶囊的囊壁基本完全分解，随即囊芯开始分解；到 350℃左右，微胶囊分解完全。

③ 按预聚物：芯材=7∶1 制备好的热敏染料微胶囊进行温敏实验，热敏染料微胶囊随着温度的升高，其颜色会变浅，当温度达到 40℃左右时，其颜色会发生一个突变，由浅红色变成浅灰色。

4.4 热敏染料微胶囊的性能

凝胶是由经过交联形成的三维网络结构的高分子和填充在网络间隙的介质组成，其中，当填充的介质为水时，称为水凝胶[96]。通常生活中所说的凝胶包含大量的水或者是以水为分散介质的，因此这些都是水凝胶。美国学者 Flory 在水凝胶方面做出了重大贡献。20 世纪 60 年代初，Wichterle 和 Lim[97]引入了一种具有生物用途的亲水凝胶，这是第一次出现水凝胶这个词，从那以后，研究者对其开展了大量的研究，扩展了水凝胶在各个方面的用途[98-104]。

根据水凝胶的交联方式分类，可将其分为化学交联水凝胶和物理交联水凝胶两种。化学交联水凝胶是通过牢固的共价键将高分子链段交联起来形成的永久性聚合物凝胶。共价交联点的牢固性使其只发生溶胀而不能熔融和溶解[105-108]，属于永久性水凝胶。物理交联水凝胶即通过物理作用力结合起来的凝胶，如静电作用、氢键、主客体作用等[109-112]，是非永久性的。物理凝胶的形成是通过物理作用力，其中不涉及有毒的溶剂及有关的反应，具有很好的环境友好性，另外制备方法比较简便，因此近年来关于物理交联水凝胶的研究不断增加。

发热是指人体的体温超过正常范围，是小孩中十分常见的一种症状[113]。市场上现有的退烧药大多数为口服药，具有副作用，不适于小儿使用。物理降温副作用小，是小儿退热的有效措施之一，因此近年被提倡。退热贴是最近流行起来的一种外贴剂，属于物理降温用品，退热快，降温效果好，无毒副作用，不会破坏儿童体内的免疫功能系统，被广泛用于小儿发热退烧[114-116]。但退热贴具有时效性，经过一段时间的使用后，就会失去降温效果。市售退热贴大多没有失效的指示功能，人们很难判断使用多久后需要更换新的退热贴或采取其他方法治疗。因此，一种具有失效指示功能的退热贴将会给人们带来很大的方便。

以聚丙烯酸钠、海藻酸钠和热敏染料微胶囊采用物理交联法制备水凝胶，通过差热扫描热分析仪对其热学性质进行测试，通过流变仪对其力学性能进行表征，利用红外光谱仪分析水凝胶结构在添加微胶囊与未添加微胶囊前后的差异，并将其应用到退热贴上，制得具有温度指示功能的退热贴，拓展了目前退热贴产品的种类。

4.4.1　水凝胶的制备及测试

（1）**未添加微胶囊水凝胶的制备**　按照不同质量配比的要求，在分析天平上准确称取各个物质的质量，将称量好的聚丙烯酸钠加入到一定量的蒸馏水中，搅拌均匀至充分溶胀，得到水凝胶液Ⅰ；将一定量的海藻酸钠加入到一定配比的蒸馏水中在70℃下充分溶解得到水凝胶液Ⅱ。将水凝胶液Ⅰ和水凝胶液Ⅱ在60℃下混合均匀后，冷却至室温得到水凝胶。根据以上的实验方法制备具有聚丙烯酸钠(ASAP)：海藻酸钠(SA)=12：8、14：6这两个梯度比例的水凝胶。

（2）**添加有微胶囊水凝胶的制备**　按照不同质量配比的要求，在分析天平上准确称取各个物质的质量，将称量好的聚丙烯酸钠与温变变色微胶囊加入到一定量的蒸馏水中，搅拌均匀至充分溶胀，得到水凝胶液Ⅰ；将一定量的海藻酸钠加入到一定配比的蒸馏水中在70℃下充分溶解得到水凝胶液Ⅱ。将水凝胶液Ⅰ和水凝胶液Ⅱ在60℃下混合均匀后，冷却至室温得到水凝胶。根据以上的实验方法制备具有聚丙烯酸钠(ASAP)：海藻酸钠(SA)=12：8、14：6这两个梯度比例的水凝胶。

4.4.2　热学性质分析

采用差示扫描量热仪对样品进行分析，在N_2气氛下测定，样品用量为5～10mg；以10℃/min的速率将样品升温至400℃，即得到DSC测试结果。

图4.21中的a、b均是在相同条件下制备的水凝胶，唯一的区别就是在制备的后期b中加入了一定量的微胶囊。未添加微胶囊水凝胶的熔点是137.73℃，而添加有微胶囊水凝胶的熔点是189.77℃，其熔点明显高于未添加微胶囊水凝胶的。

4.4.3　流变性能分析

动态剪切测量是在一台型号为TA-DHR-1的流变仪上进行，使用的平行板直径为20mm，间隙设置0.2mm，应变扫描在频率1Hz、温度25℃、应变范围

0.01%～100%下进行，以确定线性黏弹区。

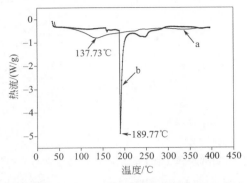

图 4.21　未添加微胶囊（a）与添加有微胶囊（b）水凝胶的 DSC 图

图 4.22（a）和（b）分别是聚丙烯酸钠(ASAP)：海藻酸钠(SA)=12：8、14：6 这两个梯度添加微胶囊与未添加微胶囊的储能模量 G' 和损耗模量 G'' 随频率的变化图，从这两个图中可以看到，在整个频率范围内，这两个比例的储能模量 G' 远大于损耗模量 G''，表明水凝胶以弹性为主，此时主要表现出弹性本质。

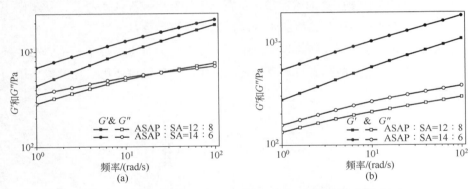

图 4.22　不同比例下添加微胶囊（a）与未添加微胶囊（b）
的储能模量 G' 和损耗模量 G'' 随频率的变化图

如图 4.23 所示，随着聚丙烯酸钠（ASAP）在水凝胶中含量的增加，其黏性逐渐增大。剪切速率越小，其黏度越大，随着剪切速率的增大，其黏度逐渐减小。其中图 4.23（a）为未添加微胶囊的黏度图，从中得出，聚丙烯酸钠(ASAP)：海藻酸钠(SA)=12：8 这一比例随着剪切速率的增大，其下降速度先是缓慢后加快，而聚丙烯酸钠(ASAP)：海藻酸钠(SA)=14：6 这一比例随着剪切速率的增大，其下降速度一直很快。图 4.23（b）为添加微胶囊的黏度图，从中得出，随着剪切速率的增大，其黏度下降的速度均很快。

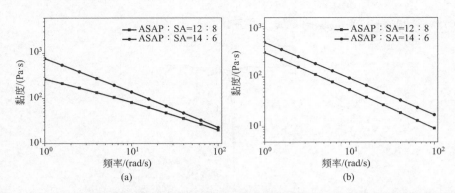

图 4.23　不同比例下添加微胶囊（a）与未添加微胶囊（b）的黏度随频率的变化图

4.4.4　红外光谱分析

将水凝胶经 60℃真空干燥至恒量后磨碎，使用 KBr 压片制样，采用德国 Bruker optics 公司的红外光谱仪测定产品的红外谱图。

利用红外光谱仪对所制备的水凝胶进行了化学结构的详细分析表征，图 4.24 中 a 表示未加微胶囊的水凝胶，b 表示添加有微胶囊的水凝胶，从谱图中可以看出，对比未添加微胶囊的水凝胶，添加有微胶囊的水凝胶的红外光谱图中有些官能团的特征吸收峰的强度发生了一些变化而且也出现了一些新的特征吸收峰，这可能是由微胶囊与水凝胶之间发生了一些氢键作用或化学键作用而引起的。

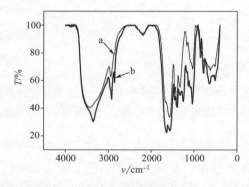

图 4.24　未添加微胶囊（a）与添加有微胶囊（b）水凝胶的红外谱图

4.4.5　退热贴颜色随温度的变化

用相机拍摄热敏染料微胶囊变色前后的照片，观察其颜色变化情况，表征微胶囊随温度变化时其颜色的变化性能。

如图 4.25 所示，退热贴随着温度的升高，其颜色会变浅；当温度达到一定值时其颜色会发生一个突变；当温度达到 40℃时，基本变为无色。

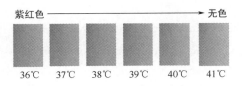

图 4.25　退热贴颜色随温度变化图

4.4.6　小结

采用物理交联法，以聚丙烯酸钠、海藻酸钠和热敏染料微胶囊通过对各组分的合理筛选和调配制备得到性能优良的水凝胶。将其应用到退热贴当中，制得具有温度指示功能的退热贴，而且其变色性能明显，随着温度的变化，其颜色可快速由红色变成无色，拓展了目前退热贴产品的种类。

目前一种具有温度指示功能的微胶囊已经制成，接下来就是制备一种具有相变微胶囊的水凝胶，其关键之处就是对相变材料的选择。相变材料（PCM）是一类能在特定温度或温度范围下从一种状态变到变到另一种状态，并伴随着吸收或释放热能，达到调节环境温度作用的物质。相变材料微胶囊化不但可以解决 PCM 发生相变时的体积变化和液体泄漏的问题，而且还可以阻止外界环境与 PCM 的反应，从而保护 PCM 及减少有害物质污染环境。另外，微胶囊由于粒径小、囊壁厚度很薄、比表面积很大，从而具有了巨大的传热面积，使传热得到极大的改善。通过检索发现，相变微胶囊材料在辅助医疗应用技术领域还未有应用报道。将相变微胶囊应用于退热贴可以大大提高退热贴的退热效果，而且退热贴冷却后还可多次使用，降低消费者的成本。接下来可从所用材料的相变温度、传热效率、微胶囊与凝胶相容性等方面展开研究。

参考文献

[1] 吴祖望, 杨希川. 21 世纪的染料学科和染料工业. 新材料产业, 2000(12): 67-72.

[2] 商成喜. 功能染料的应用研究. 山西财经大学学报, 2012(S2): 261.

[3] 程侣柏. 功能染料导论. 染料工业, 1991(2): 44-48.

[4] Zhang Z, Lan W. Process for preparing a photochromic polymeric composition, thus

obtained polymeric composition and use thereof. US8277700, 2012-10-2.

[5] Li Y, Guo J, Liu A, et al. Synthesis, mechanism and efficient modulation of a fluorescence dye by photochromic pyrazolone with energy transfer in the crystalline state. RSC Advances, 2017, 7(16): 9847-9853.

[6] Ono Y, Fujita K. Thermochromic coloring color-memory composition and thermochromic coloring color-memory microcapsule pigment containing the same. US7494537, 2009-2-24.

[7] Lötzsch D, Ruhmann R, Seeboth A. Thermochromic material, molded article comprising said material and use thereof. US9193863, 2015-11-24.

[8] 庄宇红. 湿敏变色涂料. 精细与专用化学品, 1992(01): 37.

[9] De Simone B C, Marino T Prejanò M, et al. Can fused thiophene-pyrrole-containing rings act as possible new electrochromic dyes? A computational prediction. Theor Chem Acc, 2016, 135(10): 238.

[10] 张莉, 任焱杰, 蔡生民. 染料敏化 TiO_2/MoO_3 薄膜电池的光电变色. 物理化学学报, 2001(09): 817-819.

[11] 范云丽, 徐华凤, 王雪燕. 天然染料的应用现状及发展趋势. 成都纺织高等专科学校学报, 2016(01): 158-163.

[12] 乔欣, 王欣, 夏勇. 天然染料的应用及研究进展. 染整技术, 2010, 32(08): 10-13.

[13] Yamamoto S, Furuya H, Tsutsui K, et al. In situ observation of thermochromic behavior of binary mixtures of phenolic long-chain molecules and fluoran dye for rewritable paper application. Cryst Growth Des, 2008, 8(7): 2256-2263.

[14] 李青, 马晓光. 低温热敏变色材料的研究及其应用. 染整技术, 2009, 31(4): 14-18.

[15] 崔晓亮, 张宝砚, 孟凡宝, 等. 一种可逆热致变色材料的制备及微胶囊化研究. 合成树脂及塑料, 2002(03): 24-27.

[16] 张凤, 管萍, 胡小玲. 有机可逆热致变色材料的变色机理及应用进展. 材料导报, 2012(09): 76-80.

[17] 于永, 高艳阳. 三芳甲烷苯酞类可逆热致变色材料. 化工技术与开发, 2006(10): 26-29.

[18] 张玮云, 盛巧蓉, 薛敏钊, 等. 热敏记录纸用荧烷类热敏染料涂层分散体系的制备与研究. 涂料工业, 2008(03): 13-16.

[19] 戈乔华, 沈卫庆, 程水良, 等. 荧烷类功能色素材料的研究进展. 化工时刊, 2005(10): 39-42.

[20] 王天宇. 胆甾液晶的热光学性能研究. 西安: 西安工业大学, 2014.

[21] 李新贵, 林刚, 黄美荣, 杨溥臣. 热致胆甾液晶与乙基纤维素共混膜的富氧性能. 水处理技术, 1993(02): 1-6.

[22] Dubey R. Microencapsulation technology and applications. Defence Sci J, 2009, 59(1): 82.

[23] Schrooyen P M M, van der Meer R, De Kruif C G. Microencapsulation: its application in nutrition. P Nutr Soc, 2001, 60(04): 475-479.

[24] 张冬梅, 陈守慧, 郭衍涛, 等. 一种微囊化活菌制剂含量的预处理方法及基于预处理方法的检测方法. CN106282304A, 2016-08-30

[25] 乔吉超, 胡小玲, 管萍, 等. 药用微胶囊的制备. 化学进展, 2008(01): 171-181.

[26] Zhou X, Zhang X, Han S, et al. Yeast microcapsule-mediated targeted delivery of diverse nanoparticles for imaging and therapy via the oral route. Nano Lett, 2017, 17(2): 1056.

[27] 闫岩, 王明力, 李岑, 等. 植物油微胶囊包埋率的影响因素及其性质研究. 食品工业, 2016(2): 240-243.

[28] 马超, 韦杰, 郑二丽, 许彩虹. 洋葱精油微胶囊化工艺研究. 中国调味品, 2015, 40(11): 46-49.

[29] 宋思思, 夏娇, 王宁, 李晓刚. 噻虫嗪-高效氯氰菊酯复配农药微胶囊的制备与性能. 农药, 2016, 55(1): 22-25.

[30] Liu J, Lan Y, Yu Z, et al. Cucurbit[n]uril-based microcapsules self-assembled within microfluidic droplets: a versatile approach for supramolecular architectures and materials. Acc Chem Res, 2017, 50(2): 208-217.

[31] Song Y K, Jo Y H, Lim Y J, et al. Sunlight-induced self-healing of a microcapsule-type protective coating. Acs Appl Mater Inter, 2013, 5(4): 1378-1384.

[32] Guo W, Jia Y, Tian K, et al. UV-Triggered Self-Healing of a Single Robust SiO_2 Microcapsule Based on Cationic Polymerization for Potential Application in Aerospace Coatings. Acs Appl Mater Inter, 2016, 8(32): 21046-21054.

[33] 焦利勇. 微胶囊技术在印刷油墨中的应用. 包装工程, 2008(09): 21-23.

[34] 刘永庆. 颜料微胶囊化在印刷油墨中的应用. 印刷杂志, 2003(07): 70-72.

[35] 律微波, 刘小兰, 李金辉, 李如钢. 压敏型黏合剂用微胶囊的研制. 中国胶粘剂, 2006(10): 32-34.

[36] Brannon-Peppas L. Controlled release in the food and cosmetics industries. 1993. ACS Symposium Series.

[37] Martins I M, Barreiro M F, Coelho M, et al. Microencapsulation of essential oils with

biodegradable polymeric carriers for cosmetic applications. Chem Eng J, 2014, 245(6): 191-200.

[38] Teixeira C S N R, Martins I M D, Mata V L G, et al. Characterization and evaluation of commercial fragrance microcapsules for textile application. J Text I, 2012, 103(3): 269-282.

[39] 孙东成, 邱宇星. 具有温度敏感特性的聚合物微胶囊的合成及性能的研究. 化工新型材料, 2007(07): 35-36.

[40] 孟锐, 李晓刚, 周小毛, 等. 药物微胶囊壁材研究进展. 高分子通报, 2012(03): 28-37.

[41] 陈文平, 江贵林, 汪超, 等. 天然高分子材料作为药物缓控释载体应用的研究进展. 海峡药学, 2009(11): 5-9.

[42] 汪怿翔, 张俐娜. 天然高分子材料研究进展. 高分子通报, 2008(07): 66-76.

[43] 陈慧云, 王建华, 徐世荣, 王琦. 高分子材料纤维素醚类衍生物在缓释制剂辅料中的应用. 材料导报, 2005(07): 48-50.

[44] 韩志任, 杜有辰, 李刚, 等. 阿维菌素脲醛树脂微胶囊的制备及其缓释性能. 农药学学报, 2007(04): 405-410.

[45] Huang Y C, Yeh M K, Chiang C H. Formulation factors in preparing BTM–chitosan microspheres by spray drying method. Int J Pharmaceut, 2002, 242(1): 239-242.

[46] Fu Y J, Shyu S S, Su F H, et al. Development of biodegradable co-poly(D, L-lactic/glycolic acid)microspheres for the controlled release of 5-FU by the spray drying method. Colloid Surface B, 2002, 25(4): 269-279.

[47] Silva M P, Tulini F L, Ribas M M, et al. Microcapsules loaded with the probiotic lactobacillus paracasei bgp-1 produced by co-extrusion technology using alginate/shellac as wall material: characterization and evaluation of drying processes. Food Res Int, 2016, 89(Pt 1): 582-590.

[48] Chew S C, Nyam K L. Microencapsulation of kenaf seed oil by co-extrusion technology. J Food Eng, 2016(175): 43-50.

[49] 吕晓玲, 徐蕾然, 陈正函, 祝杰妹. 空气悬浮包衣法制备藻蓝蛋白微胶囊. 食品科技, 2013(2): 260-263.

[50] Semyonov D, Ramon O, Kovacs A, et al. Air-suspension fluidized-bed microencapsulation of probiotics. Dry Technol, 2012, 30(16): 1918-1930.

[51] 冯喜庆, 刘文波. 化学法制备微胶囊机理及过程控制. 化学与黏合, 2014(05): 378-383.

[52] Wang L L, Wang Z, Zhang B H, et al. Study on preparation of abamectin microcapsule with interfacial polymerization. Adv Mater Res, 2013, 634-638(1): 1090-1094.

[53] 陈佳, 谢吉民, 陈敏, 姜德立. 界面聚合法制备草甘膦异丙胺盐微胶囊研究. 安徽农业科学, 2012(27): 13354-13357.

[54] Sarkar S, Kim B. Synthesis of graphene oxide-epoxy resin encapsulated urea-formaldehyde microcapsule by in situ polymerization process. Polymer Composite, 2018, 39(3): 636-644.

[55] 李椿方, 袁骉, 梁浩, 陈亮. 锐孔-凝固浴法制备硫苷粗提物微胶囊的研究. 食品研究与开发, 2016(06): 107-111.

[56] 宫言佩, 王晓阳, 刘志强, 张岩. 锐孔-凝固浴法制备大蒜油微胶囊的工艺. 中国调味品, 2010(04): 61-64.

[57] 彭梦侠, 陈梓云. 锐孔-凝固浴法制备橙子油微胶囊的工艺研究. 化工技术与开发, 2015, 44(5): 16-21.

[58] Yari S, Nasirpour A, Fathi M. Effect of polymer concentration and acidification time on olive oil microcapsules obtained by complex coacervation. Appl Food Biotechnol, 2016, 3(1): 53-58.

[59] Li R, Chen R, Liu W, et al. Preparation of enteric-coated microcapsules of astaxanthin oleoresin by complex coacervation. Pharm Dev Technol, 2016, 23(7):674-681.

[60] 李姗, 王志英. 复凝聚法制备苏云金杆菌微胶囊. 安徽农业科学, 2014(16): 5020-5023.

[61] Zhou R, Yue H, Wang F, et al. The process optimization for preparing resveratrol microcapsule by single-coacervation. J Hebei Norm Univ, 2013(3): 014.

[62] 张岩, 王春玉, 姜文利, 王世清. 单凝聚法芝麻油微胶囊制备工艺研究. 粮食与油脂, 2014(12): 52-56.

[63] 陈梅香, 张子德, 朱建辉, 牛晓兰. 用分子包埋法对 BHT 进行微胶囊化的研究. 河北农业科学, 2001(04): 26-30.

[64] Kawakatsu T, Oda N, Yonemoto T, et al. Production of monodispersed albumin gel microcapsules using microchannel W/O emulsification. Kagaku Kogaku Ronbun, 2000, 26(1): 122-125.

[65] Zhang F X, Wei X L. The influences of the structure of nozzle on coating effect in particle coating by fluid-rapid expansion of supercritical solutions. Adv Mater Res, 2009(864-867): 1204-1207.

[66] Calderone M, Rodier E, Fages J. Microencapsulation by a solvent-free supercritical

fluid process: Use of density, calorimetric, and size analysis to quantify and qualify the coating. Particul Sci Technol, 2007, 25(3): 213-225.

[67] 程玉霞, 程丹, 关鹏翔, 等. 利用酵母细胞对薄荷油进行微胶囊化的研究. 中国粮油学报, 2014(11): 70-74.

[68] 蒋和体, 刘晓丽. 酵母胞壁微胶囊化姜油及其释放规律的研究. 中国粮油学报, 2005, 20(6): 91-93.

[69] Cheong S H, Park J K, Kim B S, et al. Microencapsulation of yeast cells in the calcium alginate membrane. Biotechnol Tech, 1993, 7(12): 879-884.

[70] Cornejo J J M, Matsuoka E, Daiguji H. Size control of hollow poly-allylamine hydrochloride/poly-sodium styrene sulfonate microcapsules using the bubble template method. Soft Matter, 2011, 7(5): 1897-1902.

[71] Daiguji H, Takada S, Cornejo J J M, et al. Fabrication of hollow poly(lactic acid)microcapsules from microbubble templates. J Phys Chem B, 2009, 113(45): 15002-15009.

[72] 李光水, 雍国平, 许萍, 等. W/O/W 多重乳状液的实验研究. 食品工业科技, 2001, 22(3): 25-26.

[73] 李远森, 田淑琴, 韦田, 等. 复合剂(W/O/W 型)载体工艺及稳定性研究. 西南民族大学学报: 自然科学版, 2004, 30(2): 160-162.

[74] Meng F T, Ma G H, Qiu W, Su Z G. W/O/W double emulsion technique using ethyl acetate as organic solvent: effects of its diffusion rate on the characteristics of microparticles. J Control Release, 2003, 91(3): 407-416.

[75] Gao F, Su Z G, Wang P, Ma G H. Double emulsion templated microcapsules with single hollow cavities and thickness-controllable shells. Langmuir, 2009, 25(6): 3832-3838.

[76] 许时婴, 张晓鸣, 夏书芹, 张文斌. 微胶囊技术——原理与应用. 北京: 化学工业出版社, 2006: 14-20.

[77] 蔡金山, 陈江山, 柴永. 可以显示体温的退热贴: CN203677362U. 2014-07-02.

[78] 李青, 马晓光. 低温热敏变色材料复配物的制备研究. 染整技术, 2009(06): 1-6.

[79] 郝志峰, 余坚, 余林, 等. 结晶紫-硼酸复配物的固相合成及其热变色性能. 精细化工, 2005(02): 95-98.

[80] 杜江燕, 王昉, 陈昌云, 周志华. 可逆热变色复配物热变色性及机理探讨: 甲酚红-碱土金属离子-十六醇体系合成及热变色性. 染料工业, 1999(04): 1-4.

[81] Shibahashi Y, Sugai J. Reversible thermochromic composition: US5558700.

1996-9-24.

[82] MacLaren D C, White M A. Design rules for reversible thermochromic mixtures. J Mater Sci, 2005, 40(3): 669-676.

[83] 董川, 孙琳琳, 周叶红, 张薇, 冯丹. 可水解褪色的彩色墨水. CN102964924A. 2013-03-13.

[84] Venkataraman K. The Chemistry of Synthetic Dyes. New York: Academic Press, 1971(26): 1319.

[85] Panák O, Držková M, Svoboda R, et al. Combined colorimetric and thermal analyses of reversible thermochromic composites using crystal violet lactone as a colour former. J Therm Anal Calorim, 2017, 127(1): 633-640.

[86] 杨旭. 结晶紫内酯微胶囊的制备及变色性能研究. 苏州: 苏州大学, 2009.

[87] 包传平, 谭涛, 丁一刚, 陈斌. 结晶紫内酯的合成及其热变色性研究. 贵州化工, 2007(02): 27-29.

[88] 刘军, 赵曙辉, 李文刚, 李兰. 结晶紫内酯可逆热变色复配物的 DSC 研究. 印染助剂, 2003(06): 39-41.

[89] 王凯军, 张明祖, 管丹. 热致变色材料制备及微胶囊包封. 印染助剂, 2008(07): 41-44.

[90] White L J, Gen T G. Thermochromic compositions. US4424990, 1984-1-10.

[91] 兰克健. 微胶囊技术应用于纺织染整近期进展. 染整技术, 2001, 23(4): 10-12.

[92] 李平舟. 微胶囊染料和涂料染色印花的典型应用实例. 染整技术, 2016(05): 13-18.

[93] 蒋汇川. 可逆温致变色功能薄木的制备与性能研究. 中国林业科学研究院, 2013.

[94] 任少波. 热敏微胶囊材料制备及性能研究. 河北: 河北大学, 2009.

[95] 洪晓东, 孙超, 牛鑫, 梁兵. 改性脲醛树脂的合成及性能. 化工进展, 2013(04): 848-852

[96] 杨猛, 周树柏, 刘凤岐. 智能水凝胶的研究进展. 化工科技, 2015(01): 66-71.

[97] Wichterle O, Lim D. Hydrophilic gels for biological use. Nature 1960, 185(4706): 117-118.

[98] Islam A M, Chowdhry B Z, Snowden M J. Temperature-induced heteroflocculation in particulate colloidal dispersions. J Phys Chem, 1995, 99(39): 14205-14206.

[99] Lowe J S, Chowdhry B Z, Parsonage J R, et al. The preparation and physico-chemical properties of poly(N-ethylacrylamide)microgels. Polymer, 1998, 39(39): 1207-1212.

[100] Yu L, Ding J. Injectable hydrogels as unique biomedical materials. Chem Soc Rev, 2008, 39(43): 1473-1481.

[101] Qiu Y, Park K. Environment-sensitive hydrogels for drug delivery. Adv Drug Delivery Rev, 2012, 64(3): 49-60.

[102] Johnson J A, Turro N J, Koberstein J T, Mark J E. Some hydrogels having novel molecular structures. Prog Polym Sci, 2010, 35(3): 332-337.

[103] Li Z Q, Guan J J. Hydrogels for cardiac tissue engineering. Polymers, 2011, 3(2): 740-761.

[104] Satarkar N S, Biswal D, Hilt J Z. Hydrogel nanocomposites: a review of applications as remote controlled biomaterials. Soft Matter, 2010, 6(11): 2364-2371.

[105] 范治平. 酶法和原位化学连接法交联生物高分子水凝胶的研究. 南京: 东南大学, 2015.

[106] 陈肖会, 关国平, 王璐. 环氧化合物交联明胶水凝胶的制备及表征. 生物医学工程学进展, 2014(01): 18-22.

[107] Wang K, Zhang X, Li C, et al. Chemically crosslinked hydrogel film leads to integrated flexible supercapacitors with superior performance. Adv Mater, 2015, 27(45): 7451-7457.

[108] Tao Y, Tong X, Zhang Y, et al. Evaluation of an in situ chemically crosslinked hydrogel as a long-term vitreous substitute material. Acta Biomater, 2013, 9(2): 5022-5030.

[109] 毛海良, 潘鹏举, 单国荣, 包永忠. 生物可降解温敏性物理交联水凝胶的研究进展. 高分子材料科学与工程, 2014(11): 180-184.

[110] Fu W, Zhao B. Thermoreversible physically crosslinked hydrogels from UCST-type thermosensitive ABA linear triblock copolymers. Polym Chem-Uk, 2016, 7(45): 6980-6991.

[111] Voorhaar L, De Meyer B, Du Prez F, et al. One-pot automated synthesis of quasi triblock copolymers for self-healing physically crosslinked hydrogels. Macromol Rapid Comm, 2016, 37(20): 1682-1688.

[112] Appel E A, Forster R A, Rowland M J, et al. The control of cargo release from physically crosslinked hydrogels by crosslink dynamics. Biomaterials, 2014, 35(37): 9897-9903.

[113] 呼海燕, 林友胜. 发热的研究历程和进展. 成都医学院学报, 2011(01): 31-35.

[114] 孙素兰, 叶青山, 黄河清, 等. 退热贴凝胶剂制备工艺的研究. 时珍国医国药, 2007(10): 2498-2499.

[115] 黄玮, 刘新星, 童真, 何素梅. 聚丙烯酸钠水凝胶基材退热贴的制备及其性能. 功能高分子学报, 2007(02): 216-219.

[116] 华能, 刘昌玉, 王琦, 等. 小儿退热贴退热作用的实验研究. 医药导报, 2002(09): 540-541.

第**5**章 隐色染料书写材料

书写材料长期以来一直是人们日常生活的一部分。进入 21 世纪以来，尽管个人电脑、互联网、PDA（个人数字助理）及其他技术不断发展和普及，但书写材料依然在社会生活中占据着重要位置。在书写液工业中，加入有色物质来形成丰富多彩的书写液品种是必要的步骤，这些有色物质通常称为色料。书写液中颜色的产生有赖于色料的加入。色料按其组成可分为两大类，即无机色料和有机色料；按其溶解性又可分为染料和颜料。

近年来，由于我国染料行业的进一步发展，很多功能性染料、环保染料进入我们的视野。而染料的用途也不仅仅局限于纺织物的染色和印花，它在油漆、塑料、食品、光电通信等方面的应用也日益增多。但在众多的应用领域中，具有环保降解功能的染料下游产业比较鲜见。开发染料在环保降解功能方面的应用，对染料的应用多元化及可循环使用方面都具有重要意义。如将此类染料合成的环保颜料应用于印刷业，具有时效性的印刷品可采用化学降解方法使印刷品上的色迹褪去，褪色后的纸浆可继续用于造纸和印刷，大大节省了树木的砍伐，促进了森林的保护；而使用普通颜料的印刷品由于色迹不易降解（或降解成本很高），通常回收的印刷品多用来制造纸箱等，较使用环保颜料降低了印刷品的回收使用率。并且具有此种功能的染料本身成本较低，如将其应用于书写液，将会带来非常大的环保效益和经济效益。

5.1 CK-16 和 CK-7 制备印章印油

传统的印油产品通常是由色料、溶剂、树脂和助剂组成，对各成分的选择是评价印油性能好坏的主要影响因素[1]。颜料型印油由于性能稳定、不易扩散、颜色鲜艳，因此常被用于公章领域；相对于颜料型印油而言，染料型印油因其易扩散、耐候性差等通常在公章领域受到限制。从溶剂的角度讲，醇溶性印油具有与纸张结合较好、盖印清晰度良好、干性快的特点；水溶性印油虽然成本较低、环保无污，但由于其易使纸张变形等缺点，其应用范围受到限制。油溶性印油虽然干性慢、印迹不清晰、出油多，但由于其与其他成分容易混合、耐候性强等优点，依然是目前推广使用最多的印油类型。

市场上常用的印油可分为普通型印油、隐形印油和防伪印油。对于普通型印油，目前的发展方向是使产品性能更加稳定，长久存放可以保色。朱华发明了一种原子印油[2]，该印油每加一次，可实现万次利用，并且印迹清晰。李明智等人发明的紫外防伪原子印油[3]在适当波长的紫外线照射下，印迹会发出鲜艳的荧光，便于鉴别真伪。陈立宏发明的磁性印油[4]则检测灵敏度高，机密性强，很难被模仿。姚瑞刚等人发明的长短波防伪印油[5]则可以在双波长紫外光照射下，显示双色荧光的功能。王忠明等发明了一种环保型儿童玩具印油[6]，该印油沾染皮肤和衣物后很容易被清洗。李少芳发明的水溶性陶瓷专用树脂胶辊印油[7]不仅无 VOC 排放，而且不会对人体皮肤产生刺激。范彬等发明的防伪印油[8]则是在普通印油中加入了 DNA 片段产物，从而使得该产品不仅具有极强的隐蔽性，而且还具有多重防伪功能。孙宝林等发明了一种质量稳定且长久存放不会褪色的印油[9]。刘金生等发明了一种隐形发色印刷油墨[10]，解决了微型防伪信息无法与印章相结合的缺陷。孙宝林等发明的防伪印油[11]可以印制在各种材料上，且各方面性能均优良，十分适合长期防伪使用。

按照不同种类的材料，今后印章印油的发展领域应为专用型印油。特别是可用于非纸张类产品的快干型印油产品。本节旨在研究制备一种环保可降解褪色儿童印章印油，该印油不仅能在水条件下褪色，解决传统印油无法褪色的问题，并且结合了醇性印油和水性印油的优点，不光环保无毒，而且印迹清晰、干性快。

传统印油中使用最多的为颜料型印油，然而由于大部分颜料中均含有重金属离子，因此其对环境以及人体均存在一定的影响。目前印油种类虽然五花八门，但是还没有一种印油可以达到环保褪色的要求。

5.1.1　印油中各成分的选择

5.1.1.1　表面活性剂的筛选

图 5.1 中，CK-16 浓度为 $3.0×10^{-5}$mol/L，Fe^{3+} 浓度为 $3.0×10^{-5}$mol/L，温度为 25℃，阳离子表面活性剂十六烷基三甲基溴化铵（CTMAB）浓度分别为 0、$2.0×10^{-5}$mol/L、$4.0×10^{-5}$mol/L、$8.0×10^{-5}$mol/L、$20.0×10^{-5}$mol/L、$80.0×10^{-5}$mol/L、$100.0×10^{-5}$mol/L，阴离子表面活性剂十二烷基硫酸钠（SDS）浓度分别为 0、

$1.0×10^{-5}mol/L$、$2.0×10^{-5}mol/L$、$4.0×10^{-5}mol/L$、$8.0×10^{-5}mol/L$、$10.0×10^{-5}mol/L$、$20.0×10^{-5}mol/L$、$80.0×10^{-5}mol/L$，非离子表面活性剂（Tween-80）浓度分别为 0、$2.0×10^{-5}mol/L$、$4.0×10^{-5}mol/L$、$8.0×10^{-5}mol/L$、$20.0×10^{-5}mol/L$、$80.0×10^{-5}mol/L$、$100.0×10^{-5}mol/L$。

从图 5.1 可知，对于阳离子表面活性剂而言，其对色料的显色影响为先增强后维持不变；对于阴离子表面活性剂和非离子表面活性剂而言，对色料的显色影响均为在一定范围内增强，而随着表面活性剂用量的增加，色度逐渐变浅。综合考虑，在印油的制备过程中选择阳离子表面活性剂十六烷基三甲基溴化铵作为该印油配方中的组分。

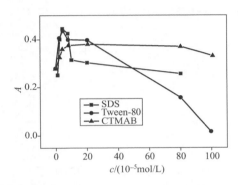

图 5.1　不同表面活性剂对 Fe^{3+} 和 CK-16 紫外吸收光谱强度的影响

CK-7 对表面活性剂的筛选办法同上，并且得出的结论一致，在紫色印油的制备中也选择十六烷基三甲基溴化铵作为表面活性剂。

5.1.1.2　溶剂的选择

通过前述理论实验数据可得，为提高色料的显色能力，实验所用溶剂首先选择乙醇，同时印油产品必须具备一定的黏性，所用试剂应对色料显色提供一定的增强能力，印油还需要保湿，综合上述因素，溶剂中加入甘油，最终确定溶剂由甘油和乙醇共同组成。

5.1.1.3　树脂和助剂的选择

聚乙烯醇缩丁醛（PVB）树脂是印油和油墨中常用的一种树脂，它具有好的耐水性、防粘连性、易流动性，这些优良的性能使得其很适合做印油产品中的黏结剂。由于实验制备的印油溶剂为醇溶性，因此在助剂的选择上，选择易溶于醇溶性溶剂的助剂，考虑到印油中需要分散剂和增稠剂，因此实验最终选取了聚乙烯吡咯烷酮（PVP）作为印油成分中的助剂，它可改善印油的光泽度和分散性，提高产品的热稳定性，增加印油产品的黏度。

5.1.2 儿童环保印油的制备流程

制备步骤（图 5.2）：设定加热器温度为 110℃，将甘油 25mL、染料和 $FeCl_3$ 分别 0.5g 混合放入烧杯中进行搅拌加热，待色料全部熔入甘油中，体系呈均一透明的溶液后，开始降温，待温度降到 60℃时，加入剩下的甘油 25mL，以及提前配好的 PVB、PVP、CTMAB 的混合乙醇溶液，待组分全部溶解、均一分散后，停止加热，待冷却后即制得儿童环保可降解褪色印油。此制备过程中甘油分两次加入是因以下原因：第一步加入甘油是为色料提供一个均一恒温的液体环境，使色料可以快速熔化；第二步加入甘油是在降温的过程中，此时加入甘油的目的是使体系快速降温，从而达到节约能源的效果。

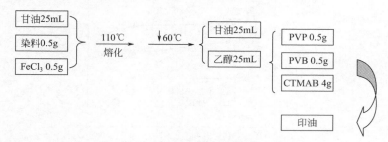

图 5.2 儿童环保印油的制备过程

5.1.3 印油黏度的测定

利用黏度计对两种印油产品分别进行黏度测定。图 5.3 中，温度为 25℃，1 号转子：n(r/min) =1.5，3.0，6.0，12.0，30.0，60.0；2 号转子：n(r/min) =1.5，3.0，6.0，12.0，30.0，60.0。在同一转速不同转子的情况下，从图 5.3 可以看

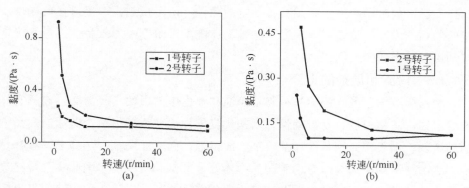

图 5.3 不同转子对印油黏度的影响

（a）CK-16；（b）CK-7

到，印油产品的黏度值不同，这说明实验所得的印油产品不符合牛顿型流体的特性，虽然在同一转速不同转子的情况下，黏度值不同，但总结规律可得出黏度值始终是随着转速的改变而变化，因此可认为实验所得的印油产品是一种非牛顿型流体。

5.1.4 印油成品及褪色效果示意图

将儿童印油成品印制在纸张上，如图 5.4（a）所示的是印油在纸张上停留1min 的印迹图；图 5.4（b）所示的是停留 5min 后的印迹图；图 5.4（c）则是用清水擦拭后的效果图。通过对比，可以得出实验制得的印油产品具有很好的褪色能力，这是目前市场中的印油产品所不具备的。

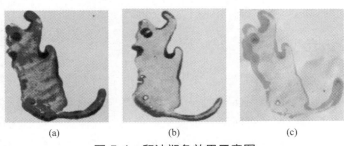

(a)   (b)   (c)

图 5.4　印油褪色效果示意图

5.1.5 小结

研究制备出了可褪色的环保可降解褪色儿童印章印油。通过对印油中各组分的合理筛选，得到了实验中儿童环保可褪色印油的配方，并制备出了无毒无害、可环保褪色的儿童印油产品。此产品结合了醇性印油和水性印油的优点，不光环保无毒，而且印迹清晰、干性快。可在水条件下快速实现褪色，解决了传统印油无法褪色的问题，丰富了目前印油领域的产品种类。

5.2 荧烷绿 CK-5 固体书写笔

目前市售的各种粉笔，如无尘粉笔、香味无尘粉笔、水性液粉笔、纳米粉笔、贝壳粉笔等，其原料的主要成分仍是 $CaSO_4$、$CaCO_3$、滑石粉等一些容易产生扬尘的物质，虽然一定程度上减少了粉尘，但都只是用一些黏结剂或密度大的填料降低粉尘的飞扬；而液体粉笔虽然通过加入成膜剂和黏结剂消除了粉尘，却有不易擦除、墨水容易产生沉淀的缺点。这些粉笔虽然使教室环境得到了一定的改善，但是并没有从根本上消除粉尘污染。

普通蜡笔、水溶性蜡笔、普通油画棒、水性油画棒和人体彩绘笔等，其主要成分仍然是白蜡、石蜡、蜂蜡、白油等不溶于水的原料，书写痕迹不能用水擦掉；它们所谓的水溶性，只是所画的图用水涂抹就出现水彩画的效果，因此并不是真正的水溶性。

油溶性白板笔的溶剂有酯类、酮类、醇类，但有机溶剂的挥发性与毒害性不仅危害人体健康，而且还会减少板面的寿命。水溶性白板笔，虽然用水作溶剂，但色料的选取仍然是一大难题，所以发展较为缓慢。

隐色染料作为一种功能性环保染料，能够实现化学方法使其褪色，若利用此种类型的染料制作成固体书写笔，能够确保无尘、无污染，从根本上改变了传统教学环境，可以预防教师职业病，有效地保护师生健康。

5.2.1　工艺流程

乳化蜡是一种重要的蜡产品，是各种蜡（包含石油蜡）在机械外力的作用下，借助乳化剂的定向吸附作用均匀地分散在水中制成的一种含蜡含水的均匀流体[12,13]。根据所使用的表面活性剂类型的不同，乳化蜡可以分为阳离子型乳化蜡、阴离子型乳化蜡、非离子型乳化蜡和两性离子型乳化蜡四类[14,15]。乳化蜡性能稳定，细腻，保质期长，分散性好，水溶性强，易与其他物质的水溶液或乳状液混合复合使用[16]；同时具有无毒、无腐蚀性、便于储存、使用方便等优点，因此用途十分广泛，其开发和利用前景十分广阔[17]。

乳化时间对蜡的性质有重要的影响。乳化时间长，乳液中的颗粒之间相互接触的机会多，形成大颗粒的概率高，蜡乳液会形成固体乳化蜡；乳化时间短，反应时间不足，乳化剂没有反应完全，乳化效果不好。通常乳化时间为 20～50min 时，形成均一稳定的乳化蜡。乳化蜡的生产工艺中最关键的是乳化方法，可以根据乳化剂（一般为表面活性剂）加入方式的不同分为四类：①乳化剂在水中法，即将油相加到溶有乳化剂的水中，可直接制备 O/W 型乳化液；②乳化剂在油中法，也称转相法，此法是将水加到含有乳化剂的油相中，可直接制备 W/O 型乳状液；③初生皂法，即将脂肪酸溶于油，将碱溶于水，两相接触，在界面即有皂生成，可得到稳定的乳状液；④轮流加液法，即将水和油轮流加到乳化剂中，每次加入量都很小。

乳化蜡的用途十分广泛，在很多行业都有广泛的应用：①作为上光剂，乳化蜡广泛地用于皮革上光、汽车和地板打蜡、船舶上光等[18-22]，它具有清洁、无污染、使用方便、物美价廉等多种优点；②在建筑业，以乳化蜡为基本原料的薄膜固化剂可以避免混凝土表面在固化期间不必要的水分蒸发，促进水泥的水合作用，使其表面达到最大的抗压强度；③在农业上，可用于保水、防风和用作果树防冻剂[23]，果树和灌木喷上乳化蜡可防止在冬季休眠或移栽装运途中失水枯死；浸渍过乳化蜡的树苗在移植过程中的成活率大大提高。此外，乳化蜡还可以用作果品和花卉保鲜剂、涂料上光剂和助剂、印刷纸张和水墨的疏水剂、纺织品的柔软剂和上浆剂、耐火材料制品的脱模剂[24]、钻井液添加剂、木材或纤维板的增强剂和汽车底盘的防护蜡等。

固体书写笔的简单工艺流程如图 5.5 所示。首先加热 CK-5 使其熔化到液状，此时需要严格控制熔化温度，温度过低，加入显色剂可能不能很好地让它融入到液状的石蜡中，温度过高，会破坏色料的显色基团，色泽不明显，甚至颜色发生变化，同时显色剂也可能升华，浪费原料；其次加入烷基化石蜡并充分搅拌，此时温度仍然不能过高，搅拌速度要控制好，防止局部过热，影响色度；然后加入填料，如表面活性剂、滑石粉、助剂等，加入物料的顺序不同，成型的酸性固体书写笔的书写效果、外观、性能均不同；最后根据不同的模型需求，浇注并冷却，测试酸性固体书写笔的性能。

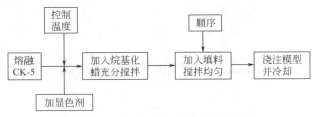

图 5.5　酸性固体书写笔的工艺流程

5.2.2　CK-5 显色效果及温度的选择

按照实验步骤，制成酸性固体书写笔，针对 CK-5 的显色温度与显色效果进行研究，温度选择 65℃、75℃、85℃、95℃、105℃、115℃；CK-5 与显色剂（水杨酸、$CuCl_2$、$AlCl_3$、$FeCl_3 \cdot 6H_2O$、双酚 A）的摩尔比均为理想比，即 CK-5：水杨酸=2：1，CK-5：$CuCl_2$=2：1，CK-5：$AlCl_3$=3：1，CK-5：$FeCl_3$=3：1，CK-5：双酚 A=2：1。实验结果见表 5.1。

实验发现：双酚 A 在 65～115℃均能够使 CK-5 显现较好的色度；$CuCl_2$ 和 $FeCl_3 \cdot 6H_2O$ 在低于 100℃，颜色不均，在高于 100℃的情况下，出现结焦结块现象；$AlCl_3$ 作为显色剂在 85℃以上均能够使 CK-5 显出很好的色度；水杨酸熔点低，在 90℃左右能够使 CK-5 显现出理想的绿色，但是水杨酸作为显色剂加热时温度不宜过高，温度达到 115℃，水杨酸会发生升华现象，导致 CK-5 不显色。

表 5.1　熔融下的 CK-5 与显色剂的显色效果

显色剂 T/℃	水杨酸	$CuCl_2$	$AlCl_3$	$FeCl_3\cdot 6H_2O$	双酚A
65	颜色较淡	颜色不均	颜色较淡	颜色不均	颜色较深
75	颜色较淡	颜色不均	颜色较淡	颜色不均	颜色较深
85	颜色较深	颜色不均	颜色较深	颜色不均	颜色较深
95	颜色较深	有结块现象	颜色较深	变色结块	颜色较深
105	颜色变淡	结块	颜色较深	变色结块	颜色较深
115	无色	结块	颜色较深	变色结块	颜色较深

5.2.3　水杨酸、双酚 A、AlCl₃ 的褪色效果比较

按照实验步骤，分别用水杨酸、双酚 A、$AlCl_3$ 作为显色剂制作成酸性固体书写笔，考察其水擦褪色性能，其成分为：CK-5 1g、乳化蜡 5g、SDS 1g、甘油 0.5mL，水杨酸、$AlCl_3$ 和双酚 A 均分别是 0.5g、1g、2g。实验结果见表 5.2。

表 5.2　水杨酸、双酚 A、AlCl₃ 的褪色效果的对比

项　目	序　号	1	2	3	4	5	6	7	8	9
配比	CK-5/g	1	1	1	1	1	1	1	1	1
	乳化蜡/g	5	5	5	5	5	5	5	5	5
	滑石粉/g	2.5	2.5	2.5	2.5	2.5	2.5	2.5	2.5	2.5
	SDS/g	1	1	1	1	1	1	1	1	1
	甘油/mL	0.5	0.5	0.5	0.5	0.5	0.5	0.5	0.5	0.5
	水杨酸/g	0.5	1	2	—	—	—	—	—	—
	$AlCl_3$/g	—	—	—	0.5	1	2	—	—	—
	双酚A/g	—	—	—	—	—	—	0.5	1	2
性能指标	水擦褪色效果	4	4	4	1	1	1	1	1	1

注：表中对指标的衡量所用数字 5、4、3、2、1 分别代表好、较好、中等、较差、差。

实验发现：由于双酚 A、$AlCl_3$ 与染料 CK-5 形成不溶于水的缔合物，这两种显色剂做成的酸性固体书写笔的水擦褪色效果均不理想，而水杨酸与染料结

合后形成的有色基团在遇到水后可以发生逆反应，使酸性固体书写笔褪色。

5.2.4　SDS 的影响

　　按照实验步骤，制成酸性固体书写笔，考察表面活性剂 SDS 的用量对酸性固体书写笔性能的影响，其中考察对象为 1～9 号。CK-5 为 1g，乳化蜡 5g，滑石粉 2.5g，甘油 0.4mL，水杨酸 2g，表面活性剂 SDS 的用量分别为 0.2g、0.5g、0.8g、1g、1.2g、1.5g、2g、2.2g、2.5g。考察的性能指标为固体书写笔的光滑度、着色度、硬度、流畅性、划板情况、掉渣情况以及水擦效果。实验结果见表 5.3。

表 5.3　表面活性剂 SDS 用量的影响

项目	序号	1	2	3	4	5	6	7	8	9
配比	CK-5/g	1	1	1	1	1	1	1	1	1
	乳化蜡/g	5	5	5	5	5	5	5	5	5
	滑石粉/g	2.5	2.5	2.5	2.5	2.5	2.5	2.5	2.5	2.5
	SDS/g	0.2	0.5	0.8	1	1.2	1.5	2	2.2	2.5
	甘油/mL	0.4	0.4	0.4	0.4	0.4	0.4	0.4	0.4	0.4
	水杨酸/g	2	2	2	2	2	2	2	2	2
性能指标	光滑度	4	4	4	4	4	4	4	4	4
	着色度	5	5	5	5	5	5	5	5	5
	硬度	3	3	3	3	3	3	2	2	2
	流畅性	3	3	4	4	4	4	书写笔变酥，掉渣情况特别严重		
	划板情况	5	5	5	5	5	5			
	掉渣情况	3	3	4	4	4	4			
	水擦褪色效果	4	4	4	4	4	4			

注：表中对指标的衡量所用数字 5、4、3、2、1 分别代表好、较好、中等、较差、差。

　　实验发现：表面活性剂 SDS 对水擦褪色固体笔的光滑度和着色度影响不大；SDS 低于 0.8g 时，固体书写笔的流畅性不理想，掉渣情况也较为明显；SDS 增加到 2g 以后书写笔变酥，掉渣情况严重，最终确定表面活性剂 SDS 的用量为 0.8g。

5.2.5　甘油的影响

　　按照实验步骤，制成酸性固体书写笔，考察甘油的用量对酸性固体书写笔性能指标的影响，考察对象为 1～6 号。用量：CK-5 1g，乳化蜡 5g，滑石粉 2.5g，

SDS 0.5g，水杨酸 2g，而甘油分别为 0.1mL、0.2mL、0.3mL、0.4mL、0.5mL、0.6mL。考察的性能指标为固体书写笔的光滑度、着色度、硬度、流畅性、划板情况、掉渣情况以及水擦效果。实验结果见表 5.4。

表 5.4　甘油用量的影响

项　目	序　号	1	2	3	4	5	6
配比	CK-5/g	1	1	1	1	1	1
	乳化蜡/g	5	5	5	5	5	5
	滑石粉/g	2.5	2.5	2.5	2.5	2.5	2.5
	SDS/g	0.5	0.5	0.5	0.5	0.5	0.5
	甘油/mL	0.1	0.2	0.3	0.4	0.5	0.6
	水杨酸/g	2	2	2	2	2	2
性能指标	光滑度	4	4	4	4	4	4
	着色度	4	4	4	4	4	4
	硬度	3	3	3	3	3	1
	流畅性	3	4	4	4	4	
	划板情况	5	5	5	5	5	—
	掉渣情况	4	4	4	4	2	
	水擦褪色效果	4	4	4	5	5	

注：表中对指标的衡量所用数字 5、4、3、2、1 分别代表好、较好、中等、较差、差。

实验发现：甘油对水擦褪色固体笔的光滑度和着色度影响不明显；甘油用量较小，固体书写笔的流畅性不理想，甘油增加到 0.5mL，水擦固体书写笔硬度降低，甘油增加到 0.6mL，书写笔不成型，干燥时间太长，所以最终确定甘油的用量为 0.4mL。

5.2.6　乳化蜡与滑石粉的配比影响

按照实验步骤，制成酸性固体书写笔，考察乳化蜡与滑石粉的配比对酸性固体书写笔性能指标的影响，其中考察对象为 1～9 号。书写笔成分中的 CK-5 为 1g，甘油为 0.4mL，水杨酸为 2g，SDS 为 0.8g，乳化蜡为 5g，乳化蜡与滑石粉的质量比分别为 5:1、5:1.5、5:2、5:2.5、5:3、5:3.5、5:4、5:4.5、5:5。考察的性能指标为固体书写笔的光滑度、着色度、硬度、流畅性、划板情况、掉渣情况以及水擦褪色效果。观察实验结果，见表 5.5。

实验发现：随着滑石粉的增加，固体书写笔的光滑度和流畅性明显提高，硬度增加；但不容易上色，出现白斑状、容易划板的现象；滑石粉比例过高或者过低均出现掉渣现象。最后确定乳化蜡与滑石粉的质量配比为 2∶1 时，效果最佳。

表 5.5 乳化蜡与滑石粉配比的影响

项 目	序 号	1	2	3	4	5	6	7	8	9
配比	CK-5/g	1	1	1	1	1	1	1	1	1
	乳化蜡/g	5	5	5	5	5	5	5	5	5
	滑石粉/g	1	1.5	2	2.5	3	3.5	4	4.5	5
	SDS/g	0.5	0.5	0.5	0.5	0.5	0.5	0.5	0.5	0.5
	甘油/mL	0.4	0.4	0.4	0.4	0.4	0.4	0.4	0.4	0.4
	水杨酸/g	2	2	2	2	2	2	2	2	2
性能指标	光滑度	2	2	3	4	4	5	5	5	5
	着色度	4	4	4	4	4	3	3	3	3
	硬度	3	3	3	4	4	4	5	5	5
	流畅性	3	3	4	4	4	5	5	5	5
	划板情况	2	2	2	2	2	3	5	5	5
	掉渣情况	2	2	3	4	4	4	4	2	2
	水擦褪色效果	4	4	4	4	4	5	5	5	5

注：表中对指标的衡量所用数字 5、4、3、2、1 分别代表好、较好、中等、较差、差。

5.2.7 CK-5 的影响

按照实验步骤，制成酸性固体书写笔，考察染料 CK-5 的用量对酸性固体书写笔性能的影响，其中考察对象为 1～6 号。其中 SDS 为 0.8g，乳化蜡为 5g，滑石粉为 2.5g，甘油为 0.4mL，水杨酸为 2g，CK-5 的用量分别为 0.2g、0.5g、0.8g、1g、1.5g、2g。考察的性能指标为固体书写笔的光滑度、着色度、硬度、流畅性、划板情况、掉渣情况以及水擦效果。实验结果见表 5.6。

表 5.6 CK-5 用量的影响

项 目	序 号	1	2	3	4	5	6
配比	CK-5/g	0.2	0.5	0.8	1	1.5	2
	乳化蜡/g	5	5	5	5	5	5
	滑石粉/g	2.5	2.5	2.5	2.5	2.5	2.5
	SDS/g	0.8	0.8	0.8	0.8	0.8	0.8
	甘油/mL	0.4	0.4	0.4	0.4	0.4	0.4
	水杨酸/g	2	2	2	2	2	2

续表

项 目	序 号	1	2	3	4	5	6
性能指标	光滑度	5	5	4	4	3	3
	着色度	3	3	4	4	4	5
	硬度	4	4	4	4	4	4
	流畅性	5	5	4	4	3	3
	划板情况	5	5	5	5	5	5
	掉渣情况	4	4	4	4	4	4
	水擦褪色效果	4	4	4	4	2	2

注：表中对指标的衡量所用数字 5、4、3、2、1 分别代表好、较好、中等、较差、差。

实验发现：随着 CK-5 用量的增加，酸性固体书写笔的着色度明显提高，色泽非常鲜艳；当用量为 2g 时，固体书写笔的光滑度、流畅性开始变差，水擦不容易褪色。最终确定此配比下，CK-5 用量为 1g 时，酸性固体书写笔的色泽和褪色效果为最佳。

5.2.8 加热时间的影响

按照实验步骤，制成酸性固体书写笔，考察加热时间对酸性固体书写笔性能的影响，考察对象为 1～5 号。CK-5 用量为 1g，SDS 为 0.8g，乳化蜡为 5g，滑石粉为 2.5g，甘油为 0.4mL，水杨酸为 2g。考察的指标为液状书写笔的黏度。实验结果见表 5.7。

表 5.7　加热时间的影响

项 目	序 号	1	2	3	4	5
配比	CK-5/g	1	1	1	1	1
	乳化蜡/g	5	5	5	5	5
	滑石粉/g	2.5	2.5	2.5	2.5	2.5
	SDS/g	0.5	0.5	0.5	0.5	0.5
	甘油/mL	0.4	0.4	0.4	0.4	0.4
	水杨酸/g	2	2	2	2	2
	加热时间/min	2	4	6	8	10
性能	黏度	2	3	4	5	5

注：表中对指标的衡量所用数字 5、4、3、2、1 分别代表好、较好、中等、较差、差。

实验发现：加热时间低于 2min 的时候，固体书写笔浇注不成型，较长的冷却时间的后，硬度仍然达不到要求，高于 6min 后，固体书写笔的黏度过高，不能出模成型。所以加热时间在 4min 左右最佳。

5.2.9 加入物料顺序的影响

按照实验步骤，制成酸性固体书写笔，考察物料的加入顺序对酸性固体书写笔性能指标的影响，考察对象为 1～6 号。CK-5 用量为 1g，SDS 为 0.8g，乳化蜡为 5g，甘油为 0.4mL，滑石粉为 2.5g，水杨酸为 2g，考察的性能为固体书写笔的光滑度、着色度、硬度、流畅性、划板情况、掉渣情况以及水擦褪色效果，实验结果见表 5.8。

表 5.8　加入物料顺序的影响

序　号 项　目		1	2	3	4	5	6
物料的加入顺序		CK-5	乳化蜡	CK-5	CK-5	CK-5	CK-5
		水杨酸	CK-5	水杨酸	水杨酸	水杨酸	水杨酸
		乳化蜡	水杨酸	乳化蜡	乳化蜡	SDS	SDS
		SDS	SDS	滑石粉	甘油	乳化蜡	甘油
		甘油	甘油	甘油	滑石粉	甘油	乳化蜡
		滑石粉	滑石粉	SDS	SDS	滑石粉	滑石粉
性能指标	光滑度	4	染料分散不均，成斑点状	滑石粉加入过早，在加热过程中黏度变大导致SDS不能起到很好的分散作用		乳化蜡没有立即加入融熔的染料中，导致书写笔颜色深浅不一，要达到理想的颜色，所需的染料过多	
	着色度	4					
	硬度	4					
	流畅性	4					
	划板情况	5					
	掉渣情况	4					
	水擦褪色效果	4					

注：表中对指标的衡量所用数字 5、4、3、2、1 分别代表好、较好、中等、较差、差。

实验发现：按照序号 2 的顺序加入，制成的书写笔染料分散不均，成斑点状；按照序号 3 和序号 4 的顺序加入时，制作的固体书写笔均不能成型，这是由于滑石粉加入过早，在加热过程中黏度变大导致 SDS 不能起到很好的分散作用；按照序号 5 和序号 6 的顺序加入时，色泽度较低，这是由于乳化蜡没有立即加入熔融的染料中，导致书写颜色不均，如果要达到理想的色度，所需的染料过多；按照序号 1 的顺序加入物料，制成的固体书写笔性能符合要求。

5.2.10　滑石粉对熔点的影响

按照实验步骤，考察滑石粉的增加对酸性固体书写笔熔点的影响，考察对象为 1～5 号，其中 CK-5 用量为 2g，SDS 为 0.5g，乳化蜡为 5g，甘油为 0.4mL，水杨酸为 2g，滑石粉的用量为 2g、2.2g、2.5g、2.7g、3.0g，实验结果见表 5.9。

表 5.9　熔点的测点

项　目	序　号	1	2	3	4	5
配比	CK-5/g	1	1	1	1	1
	乳化蜡/g	5	5	5	5	5
	滑石粉/g	2.0	2.2	2.5	2.7	3.0
	SDS/g	0.8	0.8	0.8	0.8	0.8
	甘油/mL	0.4	0.4	0.4	0.4	0.4
	水杨酸/g	1	1	1	1	1
性能指标	熔点/℃	55～60	58～65	70～72	75～80	77～80

实验发现：随着滑石粉量的增加，固体书写笔的熔点增加，当滑石粉的用量为 2.5g 时，熔点达到了 70℃左右，能够满足正常的使用要求。

5.2.11　小结

本节研究采用传统蜡笔的生产工艺，制成酸性固体书写笔并考察其性能。结果表明：水杨酸和金属离子 Cu^{2+}、Fe^{3+} 相比能表现出更好的色度，且没有结块的现象；水杨酸与金属离子 Al^{3+}、显色剂双酚 A 相比，具有很好的褪色效果；CK-5、十六烷基三甲基溴化铵和甘油的用量分别为 1g、0.5g 和 0.4mL 时，具有很好的褪色效果；滑石粉的用量为 2.5g，滑石粉和乳化蜡的配比为 1∶2 时，其熔点和硬度符合标准；物料按照 CK-5、水杨酸、乳化蜡、十六烷基三甲基溴化铵、甘油、滑石粉的顺序加入时所制成的书写笔书写和褪色效果最佳。

5.3　酚酞固体书写笔

本节以酚酞为主色料，筛选了不同的助剂，制成固体书写笔，考察各种助剂和温度的影响，以及不同配比下的固体书写笔性能。

硫代硫酸钠为无色透明的单斜晶体，加热到 100℃左右，失去五个结晶水，不易溶于有机溶剂，但易溶于水，在酸性溶液中很快分解，表现出很强的还原性。30℃以上，硫代硫酸钠在潮湿的空气中容易潮解。实验室制备硫代硫酸钠时，一般将 2.0g 硫粉（用少量乙醇润湿）和 6.0g 亚硫酸钠及 30mL 蒸馏水于100mL 烧杯中混合，加热混合物并不断搅拌，待溶液沸腾后改为小火加热，继续搅拌并保持沸腾状态不少于 40min[25]。随着微波在化学合成中的利用[26]，人们开始利用微波技术合成硫代硫酸钠。金凤明等[27]在微波照射下合成硫代硫酸钠并进行了研究，但实验采用 Teflon 罐，在密闭状态下进行，不利于观察反应中的现象。杨俊等[28]优化了实验条件，使用家用微波炉快速制备硫代硫酸钠，具有晶型好、产率高等优点。

羧甲基纤维素钠（CMC）是由天然纤维素与苛性碱以及一氯乙酸反应后制得的一种高分子化合物，分子量为 6400（±1000），属于改性天然纤维素。它的物理性质为：白色或微黄色的絮状粉末，且无味无毒，溶于水后形成类似于胶水状的透明溶液，不溶于乙醇，但加热后能微溶于无水乙醇[29]。衡量 CMC 质量的指标主要是取代度（DS）和黏度。一般 DS 越大，溶液的透明度及稳定性就越好。据实验分析，DS 在 0.7～1.2 时透明度较好，其 pH 值为 6～9 时水溶液黏度最大[30]。CMC 是纤维素类中用途最广、产量最大、使用最为方便的产品，也被称为"工业味精"。可以作为石油、钻井工程和天然气等行业的钻探增稠剂[31]，以及食品应用中的乳化稳定剂、增稠剂[32]，还可作为陶瓷和造纸工业中的分散剂、稳定剂[33,34]以及印染纺织行业上的上浆剂等[35]。

包含五个结晶水的硅酸钠的物理性质为：白色、无毒无味的碱性结晶粉末，不易溶于醇和酸性溶剂，在空气中极易吸收水分，具有去污、乳化、分散作用，并能对 pH 表现出一定的缓冲能力。工业上一般采用溶液结晶法制作五水偏硅酸钠[36,37]。在应用方面，五水偏硅酸钠广泛应用于洗涤、纺织印染、造纸和建筑行业。

5.3.1　氢氧化钠的影响

首先称取一定量的硫代硫酸钠固体和氢氧化钠固体，混和均匀加热熔化至液状，其次加入着色剂充分搅拌，再次加入填料（如表面活性剂、滑石粉等助剂）搅拌均匀后按不同顺序加入物料，最后根据不同的模型浇注并冷却，以此考察固体书写笔的书写效果、外观、性能。按实验步骤，制成碱性固体书写笔1～5 号。其成分为：硫代硫酸钠 5g，酚酞 0.5g，羧甲基纤维素钠 2.5g，甘油1.0 mL，五水偏硅酸酸钠 3g，滑石粉 2g，氢氧化钠分别为 2g、2.2g、2.4g、2.6g、2.8g。考察碱性固体书写笔的褪色效果，实验结果见表 5.10。

表 5.10　氢氧化钠的影响

项　目	序　号	1	2	3	4	5
配比	硫代硫酸钠/g	5	5	5	5	5
	酚酞/g	0.5	0.5	0.5	0.5	0.5
	滑石粉/g	2	2	2	2	2
	羧甲基纤维素钠/g	2.5	2.5	2.5	2.5	2.5
	甘油/mL	1	1	1	1	1
	五水偏硅酸钠/g	3	3	3	3	3
	氢氧化钠/g	2	2.2	2.4	2.6	2.8
性能指标	水擦褪色效果	4	4	4	4	4

注：表中对指标的衡量数字 5、4、3、2、1 分别代表好、较好、中等、较差、差。

实验发现：氢氧化钠作为酚酞显色剂，制成的碱性固体书写笔，水擦褪色效果较为理想。随着氢氧化钠用量的增加，褪色效果基本不变。最后确定酚酞用量为 0.5g，氢氧化钠的用量为 2g 时，效果最佳。

5.3.2　羧甲基纤维素钠的影响

按照实验步骤，制成碱性固体书写笔 1～5 号，成分为：硫代硫酸钠 5g，酚酞 0.5g，甘油 1.0mL，五水偏硅酸酸钠 3g，滑石粉 2g，氢氧化钠 2g，羧甲基纤维素钠分别为 2.5g、2.8g、3.0g、3.5g、4.0g。考察羧甲基纤维素钠的用量对书写笔性能的影响，实验结果见表 5.11。

表 5.11　羧甲基纤维素钠用量的影响

项　目	序　号	1	2	3	4	5
配比	硫代硫酸钠/g	5	5	5	5	5
	酚酞/g	0.5	0.5	0.5	0.5	0.5
	滑石粉/g	2	2	2	2	2
	氢氧化钠/g	2	2	2	2	2
	甘油/mL	1	1	1	1	1
	五水偏硅酸钠/g	3	3	3	3	3
	羧甲基纤维素钠/g	2.5	2.8	3.0	3.5	4.0
性能指标	水擦褪色效果	4	4	4	1	1

注：表中对指标的衡量数字 5、4、3、2、1 分别代表好、较好、中等、较差、差。

实验发现：羧甲基纤维素钠能够有效改善硫代硫酸钠的性质，增加其柔软度，但随着硫代硫酸钠用量的增加，对色料的包结现象比较严重，导致书写笔的色度降低，褪色效果也不佳。最后确定硫代硫酸钠和羧甲基纤维素钠的质量比为 2∶1 时，效果最佳。

5.3.3　五水偏硅酸钠的影响

按照实验步骤，制成碱性固体书写笔 1～6 号，成分为：硫代硫酸钠 5g，酚酞 0.5g，羧甲基纤维素钠 2.5g，滑石粉 2g，甘油 1.0mL，氢氧化钠 2g，五水偏硅酸酸钠分别 2g、2.5g、3g、3.5g、4g、5g。考察固体书写笔光滑度、着色度、硬度、流畅性、划板情况、掉渣情况以及水擦效果等性能，实验结果见表 5.12。

表 5.12　五水偏硅酸钠用量的影响

项　目	序　号	1	2	3	4	5	6
配比	硫代硫酸钠/g	5	5	5	5	5	5
	酚酞/g	0.5	0.5	0.5	0.5	0.5	0.5
	滑石粉/g	2	2	2	2	2	2
	羧甲基纤维素钠/g	2.5	2.5	2.5	2.5	2.5	2.5
	氢氧化钠/g	2	2	2	2	2	2
	甘油/mL	1	1	1	1	1	1
	五水偏硅酸钠/g	2	2.5	3	3.5	4	5
性能指标	光滑度	4	4	4	4	—	
	着色度	5	5	5	5	5	5
	硬度	3	3	3	3	—	
	流畅性	3	3	4	4	4	4
	划板情况	5	4	3	5	5	5
	掉渣情况	3	3	4	4	1	1
	水擦褪色效果	4	4	5	5	—	

注：表中对指标的衡量所用数字 5、4、3、2、1 分别代表好、较好、中等、较差、差。

实验发现：五水偏硅酸钠对书写笔的光滑度和着色度影响不明显，但能很好地改善褪色效果，用量增加到 4g 以后，书写笔硬度降低，掉渣现象明显，不利于书写；当五水偏硅酸钠的用量为 3g 时，各项性能指标最佳。

5.3.4　滑石粉的影响

按照实验步骤，制作碱性固体书写笔 1～6 号，成分为：硫代硫酸钠 5g，酚酞 0.5g，羧甲基纤维素钠 2.5g，五水偏硅酸酸钠 3g，甘油 1.0 mL，氢氧化钠 2g，滑石粉分别为 1g、1.5g、2g、2.5g、3g、3.5g。考察固体书写笔的光滑度、着色度、硬度、流畅性、划板情况、掉渣情况以及水擦褪色效果等性能指标，结果见表 5.13。

实验发现：随着滑石粉的增加，固体书写笔的光滑度和流畅性有一定的提高，当用量达到 3g 后，掉渣情况明显，水擦褪色效果降低。当滑石粉用量为 2g 时，效果最佳。

表 5.13　滑石粉用量的影响

项 目	序 号	1	2	3	4	5	6
配比	硫代硫酸钠/g	5	5	5	5	5	5
	酚酞/g	0.5	0.5	0.5	0.5	0.5	0.5
	五水偏硅酸钠/g	3	3	3	3	3	3
	羧甲基纤维素钠/g	2.5	2.5	2.5	2.5	2.5	2.5
	氢氧化钠/g	2	2	2	2	2	2
	甘油/mL	1	1	1	1	1	1
	滑石粉/g	1	1.5	2	2.5	3	3.5
性能指标	光滑度	2	4	5	5	5	5
	着色度	5	5	5	4	4	4
	硬度	3	3	4	5	5	5
	流畅性	3	3	4	4	4	4
	划板情况	3	3	3	4	5	5
	掉渣情况	3	3	4	4	1	1
	水擦褪色效果	4	4	4	4	2	2

注：表中对指标的衡量所用数字 5、4、3、2、1 分别代表好、较好、中等、较差、差。

5.3.5　加热时间的影响

按照实验步骤，制作固体书写笔为 1～5 号，加热时间分别为 1min、2min、3min、4min、5min。成分为：酚酞 0.5g，硫代硫酸钠 5g，甘油 1mL，滑石粉 2g，羧甲基纤维素钠 2.5g，五水偏硅酸钠 3g，氢氧化钠 2g。考察固体书写笔的黏度，能否成型等性能指标。实验结果见表 5.14。

实验发现：加热时间对碱性固体书写笔的性能有较大的影响，加热时间超过 2min，由于羧甲基纤维素钠的存在，导致黏度变大，固体书写笔无法出模，加热时间为 2min 时，效果最佳。

表 5.14　加热时间的影响

项　目	序　号	1	2	3	4	5
配比	硫代硫酸钠/g	5	5	5	5	5
	酚酞/g	0.5	0.5	0.5	0.5	0.5
	五水偏硅酸钠/g	3	3	3	3	3
	羧甲基纤维素钠/g	2.5	2.5	2.5	2.5	2.5
	氢氧化钠/g	2	2	2	2	2
	甘油/mL	1	1	1	1	1
	滑石粉/g	2	2	2	2	2
	加热时间/min	1	2	3	4	5
性能	成型情况	5	5	3	3	1
	黏度	2	3	4	5	5

注：表中对指标的衡量所用数字 5、4、3、2、1 分别代表好、较好、中等、较差、差。

5.3.6　保存时间的影响

按照实验步骤，制成碱性固体书写笔 1～6 号，成分为：酚酞 0.5g，硫代硫酸钠 5g，甘油 1 mL，滑石粉 2g，羧甲基纤维素钠 2.5g，五水偏硅酸钠 3g，氢氧化钠 2g。保存时间为 1d、5d、10d、30d、45d、60d，考察的指标为光滑度、色度、硬度、流畅性、划板掉渣及水擦褪色效果。实验结果见表 5.15。

表 5.15　时间的影响

项　目	序　号	1	2	3	4	5	6
配比	硫代硫酸钠/g	5	5	5	5	5	5
	酚酞/g	0.5	0.5	0.5	0.5	0.5	0.5
	五水偏硅酸钠/g	3	3	3	3	3	3
	羧甲基纤维素钠/g	2.5	2.5	2.5	2.5	2.5	2.5
	氢氧化钠/g	2	2	2	2	2	2
	甘油/mL	1	1	1	1	1	1
	滑石粉/g	2	2	2	2	2	2
性能指标	光滑度	5	5	5	4	4	4
	色度	5	5	5	3	3	2
	硬度	5	5	5	5	5	5
	流畅性	5	5	5	3	3	2
	是否划板	5	5	5	5	5	5
	是否掉渣	5	5	5	5	5	5
	水擦褪色效果	5	5	4	4	3	2

注：表中对指标的衡量数字 5、4、3、2、1 分别代表好、较好、中等、较差、差。

实验表明：随着时间的增加，固体书写笔的光滑度、硬度、划板、掉渣情况基本保持稳定；45d 后碱性固体书写笔色度、流畅性和水擦褪色情况均有下降，固体书写笔在空气中暴露时间过长会出现固体表面发白，自动褪色现象。

5.3.7　小结

本节主要研究制作碱性固体书写笔，考察其性能，结果表明：氢氧化钠能够使固体书写笔显示出较好的色度和褪色效果，氢氧化钠和酚酞在质量比为 4∶1 时，具有较好的褪色效果；羧甲基纤维素钠与硫代硫酸钠的质量比为 1∶2 时，能够有效改善硫代硫酸钠的性能；五水偏硅酸钠用量为 3g，甘油的用量为 1mL 时，固体书写笔展现出很好的柔软度；时间对固体书写笔的性能影响较大，45d 后出现褪色、书写流畅性降低和不易擦除的现象。

参考文献

[1] 董轶望, 李勇刚. 印章印油概论. 中国防伪报道, 2002(8): 41-42.

[2] 朱华. 一种原子印油及其生产方法. CN1056308, 1991.

[3] 李明智, 赵景员, 王义民, 李万庆, 季茂海. 紫外防伪原子印油. CN1058032, 1992.

[4] 陈立宏, 磁性印油及其印鉴防伪仪. CN1190663, 1998.

[5] 姚瑞刚, 代永瑞, 林泉洪, 周虹文. 长短波防伪印油和防伪油墨. CN1297970, 2001.

[6] 王忠明. 环保型儿童玩具印油. CN101781491A, 2010.

[7] 李少芳. 水溶性陶瓷专用树脂胶辊印油. CN102786835A, 2012.

[8] 范彬, 王庆一种防伪印油. CN1746232, 2006.

[9] 孙宝林, 施菊林. 一种防褪色印油及其制备方法. CN103525191A, 2014.

[10] 刘金生. 一种隐形发色印刷油墨和显色印章印油的制备方法及防伪方法. CN103897493A, 2014.

[11] 孙宝林, 施菊林. 一种防伪印油及其制备方法. CN103436093A, 2013.

[12] 吴国江. 国内乳化蜡的应用和市场. 石油化工动态, 1998, 6(21): 30-34.

[13] 吴国江, 王克章. 一种新型木材防水专用乳化蜡的研制. 企业科技与发展, 2007, 4(13): 35-36.

[14] 冯玉海, 沈本贤, 陈新. HD 阳离子乳化蜡的研制. 日用化学工业, 2002, 3(4): 82-84.

[15] 陈剑波, 孟巨光, 叶建忠. 阳离子蜡乳液的制备. 化学工业与工程, 2006, 2(4): 336-338.

[16] 王宝峰, 张裕丁, 孙德军. 乳化石蜡的研制及应用. 山东化工, 2004, 33(5): 14-21.

[17] 易华. 乳化蜡的发展及应用前景. 油气田地面工程, 2006, 25(6): 58-59.

[18] 任晓光, 刘嘉敏. 皮革去污上光用蜡的研制. 精细石油化工进展, 2005(3): 39-41.

[19] 黄玮, 李长征. 氧化蜡制备皮革用蜡. 辽宁石油化工大学学报, 2007, 27(3): 4-13.

[20] 王党生. 喷雾型地板上光蜡的研制. 中小企业科技, 2003, 5(3): 20.

[21] 曹同玉, 刘庆普, 胡金生. 聚合物乳液合成原理及应用. 北京: 化学工业出版社, 2007: 42-168.

[22] 卢卫平. 汽车用上光蜡的制备. 工艺试验, 2003, 17(4): 7-49.

[23] 白晓松, 何勇, 王秀茹. 幼苗移栽抗旱保活用乳化蜡的研制. 精细石油化工进展, 2004(3): 23-25.

[24] 纪桂花, 刘涛, 张颖. 乳化石蜡在耐火材料成型脱模中的应用. 山东理工大学学报: 自然科学版, 2003, 17(3): 49-50.

[25] 钱可萍, 韩志坚, 陈佩琴. 无机及分析化学实验. 北京: 高等教育出版社, 1987: 82-83.

[26] 黄卡玛, 卢波. 微波加热化学反应中热失控条件的定量研究. 中国科学: E 辑, 2009, 39(2): 266-271.

[27] 金凤明, 孙晓娟, 郭登峰. 微波照射下合成硫代硫酸钠. 江苏石油化工学院学报, 2000, 12(4): 5-7.

[28] 杨俊, 胡晓丽, 代永锐, 李原芳. 微波合成硫代硫酸钠实验研究. 西南师范大学学报: 自然科学版, 2012, 37(1): 114-117.

[29] 邓岳松, 许梓荣. 水生动物明胶-羧甲基纤维素钠微型胶囊饵料制备工艺. 内陆水产, 2000, 11(10): 21-22.

[30] 高勃, 汤烈贵. 纤维素科学. 北京: 科学出版社, 1996: 44-48.

[31] 熊犍, 康兰艳, 叶君. 纤维素醚在干混砂浆中的应用进展. 化工进展, 2009, 7(6): 21-22.

[32] 卜新平. 纤维素醚市场现状及发展趋势. 化学工业, 2008, 8(3): 14-16.

[33] 汪小海, 葛卫红, 赵明. 药物缓释物质 CMC-Na 和 β-CD 对丁哌卡因毒性的影响. 镇江医学院学报, 2003, 11(3): 428-430.

[34] 李华, 牛生洋, 王华. 羧甲基纤维素钠对葡萄酒酒石稳定的研究. 中国食品添加剂, 2003, 10(6): 35-38.

[35] 陈试伟, 武春香, 朱谱新. 环保型辅助浆料的研究进展. 纺织科技进展, 2009, 6(5): 12-14.

[36] 余丽秀. 溶液结晶法制五水偏硅酸钠. 无机盐工业, 1994, 3(4): 69.

[37] 王西新. 五水偏硅酸钠的制备. 日用化学工业, 1998, 6(4): 56-57.

第**6**章　隐色染料可擦墨水

6.1　可擦墨水

墨水是书写墨水、墨汁、印刷墨水、油墨等的统称，在英文中统称为 ink。在我国一般根据黏度的大小将其分为墨水和油墨，但又不是十分严格。如现在的印刷过程、喷墨打印中常用水性的墨，应该称为墨水，但习惯上仍叫作油墨。

印刷墨水由色料（染料或颜料）、分散剂（液体成分）以及各种助剂组成，是一个均匀分散的浆状胶体体系。色料赋予印刷品丰富多彩的色调，分散剂作为色料的载体和黏合剂使色料固着在承印物表面上，助剂赋予油墨适当的性质，使其满足各种印刷的要求。

可擦墨水是在一定时间内能擦除字迹，而继续书写不影响识读的一种白板笔墨水。可擦墨水兼具墨水的书写功能和铅笔的可擦功能，特点是书写流利、易写易擦、无粉尘污染，可以取代粉笔、黑板。从 2007 年开始，美国部分州立法在课堂中废除粉笔，而全部改用环保的可擦白板笔[1]。在教学过程中，配套使用防干装置，以防止墨水不必要的干结，具有很大的推广价值，见图 6.1。

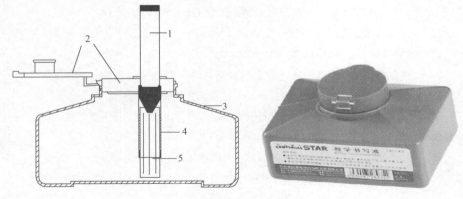

图 6.1　一种可擦墨水书写教具[2]

1—专用书写笔；2—笔插式瓶盖；3—瓶体；4—套筒；5—吸水胶棉

可擦墨水的研制是一个多学科综合性课题。可擦墨水的组成大致包括颜（染）料、溶剂、树脂、助剂等成分。可擦墨水在板面形成字迹后溶剂挥发，被成膜剂包裹的着色剂在板面上形成薄的色膜。使用板擦或布擦除时，色膜被溶解或机械擦除，从而字迹消失。

可擦性是这种墨水重要的性能指标。好的可擦墨水，写在在搪瓷、烘漆、贴塑等板面上的字迹能用板擦或布轻松擦掉，擦后板上不留影，不污板，字迹保持 3～5 个月仍然容易擦掉。

目前有日本、美国、德国、韩国等许多国家生产可擦墨水，如德国的文都、韩国的爱思恋等品牌，其中以日本产品质量较佳。近年来可擦笔及其油墨的文献数量也在逐渐增加[3,4]。国内外从事可擦性墨水的研究较多，涉及可擦笔的专利不下几十项，从不同角度对可擦笔及其墨水的研制作了探索。表 6.1 概括介绍了部分可擦墨水的特点[5-17]。

表 6.1　部分可擦墨水的特点

研究者	主要溶剂	主要成膜剂	特点
陈毅飞等	乙醇、异丙醇、乙酸丁酯	聚乙烯醇缩丁醛树脂和丙烯酸树脂	成膜光泽好
徐金传等	乙醇	聚乙烯醇缩丁醛	刺激气味少
何煜等	醇类	树脂	无毒害污染
张恽文等	乙二醇甲醚与丙酮	乙基纤维素	易擦除
张海平等	乙醇、丙酮	硝化纤维素、乙基纤维素	成本较低
庞涛等	醇类	聚乙烯醇缩丁醛树脂	有害气体少
陈登龙等	水	丙烯酸树脂	刺激气味少
杨久生等	水	羧甲基纤维素、甲基纤维素	可擦
Keiko等	水	丁二烯树脂	良好可擦性
巴宁等	水	水不溶性聚合物	基本上可擦
Norihiro等	水	丙烯酸类水溶性树脂	可擦
范远华等	食用酒精	硝基纤维素羟基纤维素	干擦
Rachel等	水	二氧化硅，乳胶	干擦

没有毒性和腐蚀是对墨水的基本要求，因此墨水中应尽量减少有毒和腐蚀性成分。在制造醇溶性白板笔墨水中需加入许多助剂，有些有强烈的刺激性气味，从环保理念上不安全。所以介于水性和醇溶性之间的白板笔墨水需求量更大。这种更接近水性的墨水既有醇溶性墨水快干、易擦的优点，又有水性墨水气味小、易保湿的特点，是墨水研发的方向[18]。

6.2　CK-16 和 CK-7 制备白板笔墨水

白板笔墨水是一种能在表面光滑、非吸附性硬质板上书写而又容易擦除的新型书写液，国外已有 40 余年的生产历史，主要由有机溶剂、树脂、颜（染）料及其他助剂组成。用这种墨水进行书写，线条流畅，色彩鲜艳，字迹可用普通干布或软纸擦除而不留痕迹，解决了教室的粉尘污染问题，因而在教学、学术交流及其他领域得到广泛的应用[19]。

根据所用溶剂的不同可将白板笔墨水分为醇溶性墨水和水溶性墨水。早期的白板笔墨水所用溶剂是毒性较大的苯、酮、酯类有机溶剂[20]，随着科学的发展和和人们环保意识的增强，溶剂改为低毒性的醇类有机溶剂[21-24]，并向水性溶剂方向发展，如公开号为 CN87100224A[12]的专利发明了一种以水为基体，由水溶性染料、表面活性剂、黏合剂和湿润剂配制成的可擦墨水，公开号 CN1884403A[25]的专利发明的水性白板笔墨水由分散剂、白炭黑、轻质碳酸钙、调节剂、剥离剂、颜料和水组成，这两项专利都实现了无毒无公害的环保墨水，这不仅有利于降低墨水的成本，而且将大大改善白板笔的使用环境。

根据擦除方式的不同又可将白板笔墨水分为物理擦除型和化学擦除型。物理擦除方式即用抹布或板擦干擦，主要是利用墨水中的树脂即成膜剂将染料包裹在外力作用下脱膜实现。物理擦除的可擦墨水其最重要的成分就是成膜剂，成膜剂的选择直接关系到墨水的黏度、可擦性能，同时也是颜料的载体。因此成膜剂在溶剂中应当有一定的溶解能力、有一定的黏附力并且与其他组分可以稳定共存、长期保存。一般而言，常用的成膜剂有乙酸纤维素、乙酸乙烯树脂、氯乙烯、硝酸乙烯共聚物、硝化纤维素、乙基纤维素等，其中硝化纤维素由于成本低使用较为广泛。一般随着可擦墨水中成膜剂用量的增大，墨水的书写流畅度会不断降低，但对其可擦性影响不大。

表面活性剂也是墨水中的重要辅助成分，主要用于墨水的分散、吸附及消泡等，也可以起到将增稠剂在墨水中分散均匀的作用。物理擦除的工艺较难，主要由于将墨水注入中性笔管时需要加压操作，这是此类中性笔成本较高的一个重要原因，并且由于墨水黏度很大，在笔管中的保质期较短，这些因素都是抑制此类产品推广和发展的重要原因。

化学擦除方式是利用化学反应使颜色消除，有用水直接擦除的，如 CN1448448A 专利[26]发明的白板笔墨水，以酸碱指示剂为着色剂，用湿抹布擦拭即可使笔迹消失；也有用化学试剂擦除，如 CN1594463A 专利[27]发明的墨水可用蘸有降解促进剂的板擦或抹布擦拭使笔迹瞬间降解消失；CN101457054A专利[28]发明的墨水以酸碱敏感染料为着色剂，可用强碱性液体擦除不留痕迹。方为[29]以水为溶剂，以能与还原剂发生脱色反应的染料为着色剂，再配以成膜剂、助剂等实现了既能干擦又能湿擦的白板笔墨水，具有无毒环保长期使用不污板的特点。但其所用擦除剂为化学试剂，需专门配制，较为繁琐。

本节将以隐色体染料 CK-16 和 CK-7 与金属离子显色的配合物为色料，通过条件优化，研究配制既可干擦又可用水直接擦除的新型环保可降解白板笔墨水。

6.2.1 色料的选择与制备

6.2.1.1 可褪色色料的选择

内酯染料的显色反应是可逆反应，利用这一性质，考察 CK-16 和 CK-7 与各种显色剂显色后的配合物的褪色性能，筛选出能够用水直接使其褪色的配合物，用于既可干擦又可湿擦的白板笔墨水。

由于金属离子的显色效果好于酸类，因此选择染料与金属离子的配合物作为研究对象，做定性实验。分别取少量 CK-16 的乙醇溶液和 CK-7 的乙醇溶液于三个比色管中，分别加入无水氯化铝、六水合三氯化铁和五水四氯化锡显色后，滴加自来水，观察现象。实验结果见表 6.2。

表 6.2 CK-16、CK-7 与金属离子配合物遇水褪色现象

金属离子	Al^{3+}		Fe^{3+}		Sn^{4+}	
染料	CK-16	CK-7	CK-16	CK-7	CK-16	CK-7
显色颜色	红色	紫色	红色	紫色	红色	紫色
加水后	白色沉淀	淡紫色	黄棕色沉淀	黄棕色沉淀	红色沉淀	紫色沉淀

由表 6.2 可知，CK-16 和 CK-7 与 Al^{3+} 和 Fe^{3+} 显色后的配合物遇水后有一定程度褪色，但与 Sn^{4+} 显色后的配合物遇水析出色料，这是因为 Al^{3+} 和 Fe^{3+} 的配合物不稳定，遇水解离，而与 Sn^{4+} 的配合物遇水稳定不褪色；Al^{3+} 与 CK-16 的配合物溶于水产物后为白色，可认为完全褪色，但 CK-7 的配合物仍有残留，褪不尽。因此选 CK-16 与 Al^{3+} 的显色配合物作为白板笔墨水的色料。

6.2.1.2 可褪色色料的制备

固相化学反应是指有固态物质直接参加的反应，具有不使用溶剂、选择性高、产率高、工艺过程简单等优点，越来越受到科学家的青睐。采取研磨的方法，可使固体物质颗粒减小，反应物之间接触面积增大，混合均匀加快反应速率。本节采用固相研磨法使 CK-16 和五水氯化铝反应生成红色配合物。依据 CK-16 与 Al^{3+}

反应的最佳摩尔比折合为 CK-16 和五水氯化铝的质量比称取两种物质适量于研钵中，用研钵棒研磨至粉末为均匀红色即可。

6.2.1.3 色料溶解度的测定

为防止配制墨水时色料过饱引起笔尖堵塞，影响书写性能，因此需测量色料的在溶剂中的溶解度。室温下，称取过量上述制备的色料 $m(g)$，滤纸 $m_1(g)$，在小烧杯中加入 10mL 无水乙醇，加色料溶解至饱和析出，过滤干燥，称得析出物和滤纸为 $m_2(g)$，剩余色料为 $m_3(g)$，则溶解度大约为：$s=10[m-m_3-(m_2-m_1)]$ g/100mL。经实验测得色料在 20℃下乙醇中的溶解度为 0.65g/10mL。

6.2.2 白板笔墨水配方的确定

6.2.2.1 色料

色料在墨水中起显色作用，使书写字迹有各种颜色，约占墨水的 2%～3%，可以是染料或者颜料，以微粒状态分散于墨水体系中，墨水的稳定性取决于色料分散的好坏[30]。实验使用的色料为隐色体染料 CK-16 与 Al^{3+} 显色后的物质（以下称为红色配合物），其用量为所写字迹（白板上）能够达到目视清晰的量。分别取 0.10g、0.15g、0.20g、0.25g、0.30g 红色配合物，溶于 10mL 无水乙醇中，用白板笔吸取墨液在白板上画线，直到字迹清晰可见，且字迹颜色不明显变化时，可认为达到最佳用量，为 0.25g。

6.2.2.2 溶剂

溶剂是墨水的主体，约占墨水总量的 80%，起着溶解其他成分和分散色料的作用，同时保证涂膜的快干性，且低刺激气味[31]。常用的溶剂有苯、醇、酯和酮类，从环保、溶解性、快干性及气味综合考虑，实验选用乙醇作为溶剂。

6.2.2.3 助剂

表 6.3 助剂的用量对墨水书写性能的影响

助 剂	用 量	膜和字迹效果	擦除效果
成膜剂PVB/g	0.3	不成膜、附着力大	差
	0.5	膜薄、附着力大	差
	0.8	膜厚度适中	良好
	1.0	膜太厚	一般
表面活性剂封端2101/mL	0.3	字迹扩散	差
	0.5	书写流畅	一般
	0.8	书写流畅	一般
	1.0	书写不流畅	不好

助　剂	用　量	膜和字迹效果	擦除效果
保湿剂甘油/mL	0.3	膜干、附着力大	差
	0.5	膜干、附着力大	一般
	0.7	膜柔软	良好
	1.0	字迹较油	不好

注：墨水中其他物质如红色配合物、乙醇、丙酮、PVB、甘油含量均相同，溶剂量为10mL。

（1）**成膜剂**　成膜剂是可擦墨水的主要组成部分，膜的黏附力大小直接影响墨水的可擦性，它也是颜/染料的载体，与颜/染料的结合性也影响墨水的可擦性能。因此，成膜物质在溶剂中溶解性要好，要有一定的黏附力，与其他组分相互混合稳定，能长期保存。通常用的成膜剂有硝化纤维素（硝化棉）、乙酸纤维素、乙基纤维素、乙酸乙烯树脂、聚乙烯醇缩醛类树脂、氯乙烯-硝酸乙烯共聚物等[9]。实验比较了硝化棉、聚乙烯醇缩丁醛酯（PVB）、乙基纤维素作为成膜剂，但硝化棉和乙基纤维素在乙醇中的溶解性均不好，成膜性能也不佳，因此实验以聚乙烯醇缩丁醛酯为成膜剂。PVB的用量对墨水性能的影响见表6.3。由表6.3可知，成膜剂PVB的最佳用量为0.8g。

（2）**表面活性剂**　表面活性剂在墨水中起降低表面张力和分散的作用，通常可分为阳离子型、阴离子型和非离子型。阴离子表面活性剂在乙醇中的溶解性差，实验选用非离子表面活性剂和阳离子表面活性剂作为实验用品。实验中发现阴离子表面活性剂OP-10的加入对墨水色度有减小作用，另选取一种耐强酸强碱的封端2101表面活性剂，对墨水色泽无影响，故使用其作为实验的表面活性剂。封端2101的用量对墨水性能的影响见表6.3。由表6.3可知，表面活性剂的最佳用量为0.5mL。

（3）**保湿剂**　由于白板笔墨水对即时可擦的要求比较高，而体系所用溶剂多以挥发快、沸点低的为主，这类溶剂一般不易保湿，因此需加入高沸点物质如甘油、丙二醇、乙二醇、二甘醇、环氧大豆油等多元醇或高级脂肪酸酯及它们的衍生物作为保湿剂，既可改善白板笔的书写手感，又能起到辅助保湿的作用。保湿剂的加入量，要既能符合间歇书写（保湿）的要求又不能过多而影响字迹的即时可擦性[32]。甘油是一种常用的保湿剂，在化妆品中也广泛使用，故实验选甘油为保湿剂，其用量对墨水性能的影响见表6.3。由表6.3可知，保湿剂甘油的最佳用量为0.7mL。

6.2.3　小结

本节以自制的CK-16与Al^{3+}的红色配合物为色料，通过条件优化得出可擦白板笔墨水的最佳配方（以 10mL 溶剂为基准）为：色料 0.25g，乙醇 10mL，成膜剂 PVB 0.8g，表面活性剂封端 2101 0.5mL，保湿剂甘油 0.7mL。所制备的白板笔墨水书写流畅，既可干擦又可用水湿擦褪色，但经久擦除效果不佳，需进一步实验优化。

6.3 隐色染料白板笔墨水

黑板粉笔是千百年来一直沿用的教学工具，使用时会产生弥漫的粉尘，污染教学环境[33-35]。随着科技进步，黑板粉笔被更为健康环保的教学工具代替是必然的趋势。换代的途径是采用湿性书写代替干性书写，即使用可擦性白板墨水[12,36,37]。

可擦白板墨水这种教具虽早已研制成功，但因存在许多缺陷而推广受到限制。由于这种墨水的溶剂多为为乙醇、氯仿等易挥发的有机溶剂，所以笔尖易干，书写流畅性不好；而且墨水的气味强烈、污染环境，加上可擦性差等问题使产品在实际使用中有很大局限[38]，难以用于教室教学。

作为绿色教具而出现的变色白板笔，其研究已取得进展。墨水溶剂已由早期毒性较大的酯、酮、苯类有机溶剂改为采用毒性较低的醇类有机溶剂，并已开始向水性溶剂发展。这种发展不但有利于降低墨水成本，而且能大大改善白板笔使用环境，扩大其应用范围[39]。

例如一种书写用热致变色墨水配方为 1.5 份 6-(二乙氨基)-1,2-苯并荧烷、3 份双酚 A、15 份十六醇和 15 份硬脂酸己酯，用环氧树脂微胶囊化后，再与羧化的聚烯烃乳液混合，得到的墨水在 30℃ 以下为粉红色，30℃ 以上为无色[40]。日本开发的可脱色墨水为纸张的循环利用创造了条件。这种墨水书写的字迹，可以用添加溶剂或加热的方法予以消除，使纸张能够复用[41]。

本文采用目前研究较少的化学擦拭的方法制作可逆脱色墨水笔。实验过程中通过对染料及酸的筛选，溶剂的选择、配比的确定，酸的定量以及助剂的选择来分析墨水的各种影响因素，并进行墨水笔的性能测试。实验制得的白板笔书写流畅、字迹鲜艳易擦、不污板，性能稳定，具有良好的应用前景。

6.3.1 染料及酸的筛选

实验步骤：①选择常用荧烷染料（CVL-S、CK-5、CK-7、CK-16、ODB-1、ODB-2、Black-15、CK-37）等量依次加入试管中，并标记。②每只试管中均加入等量适量乙醇。③选择 3 种常见酸（水杨酸、酒石酸、双酚 A）分别过量加入①中的每只试管中，分别记录每支试管的颜色变化。④用白板笔蘸取每种试剂在干净白瓷板上标记，观察着色效果。⑤重复上述实验步骤，并测量3次，比较实验结果，记录实验结果见表6.4。由表6.4得出：发色剂确定为CVL-S（显蓝色）、CK-7（显蓝色）、CK-16（显红色），显色剂（即酸）确定为双酚A。

表6.4 染料与酸反应颜色变化

染料	颜色变化			白板着色效果		
	水杨酸	酒石酸	双酚A	水杨酸	酒石酸	双酚A
CVL-S	浅蓝色	浅蓝色	无色	不着色	不着色	蓝色
CK-5	绿色	绿色	绿色	浅绿色	淡绿色	淡绿色
CK-7	深紫色	紫色	淡紫色	微黑	不着色	蓝色
CK-16	深红色	深红色	淡红	不着色	不着色	红色
ODB-1	深黑色	深黑色	枣红	浅绿色	浅绿色	淡黑色
ODB-2	黑色	黑色	淡棕色	浅绿色	浅绿色	淡黑色
Black-15	深黑色	深黑色	棕色	微黑色	不着色	淡黑色
CK-37	亮黄	亮黄	亮黄	白色	暗黄色	淡黄

6.3.2 溶解度

染料溶解度的测量，是为了防止在配制书写墨水时如发色剂浓度过高，溶液过饱和而析出染料导致笔头堵塞，从而影响其使用性能。预先称出过量染料m(g)，滤纸质量m_3(g)，在烧杯中倒入100mL乙醇，加入染料直至饱和析出，过滤，干燥，称量质量m_2(g)，并称量剩余的染料质量m_1(g)，则溶解度$s=m-m_1-(m_2-m_3)$，结果见表6.5。由表6.5可见，CK-7的溶解度最低，CK-16的溶解度最高，且随着温度的增加，溶解度增加比较明显。

表6.5 染料在不同温度下的乙醇溶液中的溶解度　　　单位：g/100mL

染料	50℃	40℃	25℃	0℃	−8℃
CVL-S	33.1	29.7	29.1	25.5	23.8
CK-7	16.1	15.5	13.6	8.5	5.1
CK-16	46.4	42.5	32.4	6.8	20.5

6.3.3 溶剂的选择[42]

经预试验，以纯乙醇为溶剂挥发慢显色时间较长，而以纯丙酮为溶剂挥发快但气味刺激，所以实验采用乙醇和丙酮的混合液作为溶剂，经过不同的乙醇、丙酮配比实验确定其比例。实验步骤：①分别将定量过量的CVL-S、CK-7、CK-16

加入试管中，向其中加入乙醇：丙酮（体积比）不同的溶剂，加入时，有丙酮的溶剂先加入，因为这样能使荧烷染料更好地溶解在溶剂中。②每只试管中加入等量过量的双酚 A，充分振荡摇匀，静置。用白板笔蘸取配制的溶液，在白瓷板上均匀涂抹，观察显色时间及显色效果，结果见表 6.6。

表 6.6　不同乙醇/丙酮体积比的显色实验

染料	显色效果					显色时间				
	纯乙醇	2∶1	1∶1	1∶2	纯丙酮	纯乙醇	2∶1	1∶1	1∶2	纯丙酮
CVL-S	蓝色	淡蓝	淡蓝	不显色	蓝色	慢	慢	快	不显色	快
CK-7	淡蓝	淡蓝	蓝色	不显色	蓝色	慢	慢	快	不显色	快
CK-16	红色	淡红	红色	不显色	红色	慢	慢	快	不显色	快

由表 6.6 可知在乙醇、丙酮的混合试剂中，当只有乙醇时显色慢，且显色效果一般，随着丙酮的体积比的不断上升显色时间缩短，显色效果上升，当其体积比为 1∶1 时效果很好（但不一定是最佳配比），当体积比为 1∶2 时完全不显色且此时溶剂的气味较大。

综上所述，再次进行体积比在 2∶1 和 1∶1 之间的实验，比较结果发现当乙醇、丙酮体积比为 1∶1 时染料在溶剂中的显色效果好，显色时间短，气味小。所以确定溶剂为乙醇、丙酮体积比为 1∶1 的溶剂。由于 CVL-S 的显色效果不如 CK-7 且同显蓝色，故将 CVL-S 作为备选染料。

6.3.4　酸的定量

实验步骤：采用等摩尔连续变化法确定酸的用量[43,44]。在 10mL 的比色管中，加入一定浓度的 CK-7 和一定浓度的双酚 A 溶液，保持溶液中 $c_{CK-7}+c_{双酚A}$ 为常数（该实验为 $1.2×10^{-4}mol/L$），连续改变 c_{CK-7} 和 $c_{双酚A}$ 的比例，配制一系列的显色溶液。

分别测定系列溶液的吸光度 A，以 A 对 $\dfrac{c_{CK-7}}{c_{CK-7}+c_{双酚A}}$ 作图，曲线转折点对应的即为配合物的配位比。

由图 6.2（a）可知，$\dfrac{c_{CK-7}}{c_{CK-7}+c_{双酚A}}$ 的最佳浓度比为 0.68，通过计算得 $\dfrac{c_{CK-7}}{c_{双酚A}}=2.125$，则配位比为 2。

同理，以 A 对 $\dfrac{c_{CK-16}}{c_{CK-16}+c_{双酚A}}$ 作图：

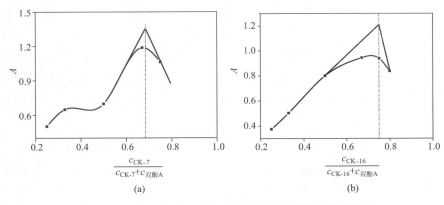

图 6.2　CK-7（a）、CK-16（b）与双酚 A 的配位比

由图 6.2（b）可知，$\dfrac{c_{CK-16}}{c_{CK-16}+c_{双酚A}}$ 的最佳浓度比为 0.75，通过计算得 $\dfrac{c_{CK-16}}{c_{双酚A}}=3$，则配位比为 3。

由此确定 CK-7 在溶剂中的加入量为 0.0026g/mL，双酚 A 为 0.0150g/mL；CK-16 的加入量为 0.0020g/mL，双酚 A 为 0.0200g/mL。按最佳显色比称取隐色体和显色剂，在 10mL 比色管中用乙醇、丙酮体积比为 1：1 的溶剂溶解，逐渐加入水，调 pH=4.5～5.5，保持体积为 10mL，直到沉淀出现，其最大含水量分别为 3.6mL 和 4.2mL。酸性体系可增加配合物的耐水性，抑制水解。至此墨水的主要成分确定。

6.3.5　助剂的添加

在墨水中助剂对改善墨水性能具有重要作用。一方面助剂用于分散溶剂中的染料，防止其凝聚沉淀；另一方面助剂使墨水字迹容易擦去；同时还能提高墨水对于笔头的浸润性，从而使出墨流畅。

墨水助剂一般包括分散剂、润湿剂、抗发泡剂、抗冻剂、防腐剂等。实验以表面活性剂作为助剂的主要成分，因为其在墨水中能起到润湿、分散、乳化、渗透、增溶和助溶等作用[45]。

表面活性剂的用量一般为色料总量的 1.0%～1.3%，最佳用量为 2%～3%，用量过多则影响墨水的快干性。当体系 pH>7 时选择阴离子表面活性剂，当 pH<7 时选择阳离子表面活性剂。两性及非离子型不受 pH 影响，而墨水多用非离子表面活性剂。

由于墨水成分的复杂性，非离子表面活性剂在溶剂中不产生离子，不影响墨水主要成分的结构性能。因此选择 Tween-80（吐温-80）作为实验表面活性剂，经试验加入量占墨水总量的 2%时效果最佳。

保湿剂对于墨水书写时的停笔时间及书写流畅性有较大影响，由于所用的体系为有机溶剂-水混合体系，故使用乙二醇、丙三醇等醇类作为保湿剂。丙三醇也常用在化妆品中，所以选用这种对皮肤无刺激的保湿剂。保湿剂用量以化妆品行业的用量为参考[42]。

墨水在寒冷的季节使用，可能产生结晶、絮凝、堵笔等现象，所以加入抗冻剂。抗冻剂可以降低水的结冰点，防止严寒时墨水结冰，失去流动性。有许多物质加入水中都可以实现降低水之冰点，最早使用的有乙醇、甲醇、氯化钙、甘油、盐水等。

氯化钙盐水腐蚀性较大，故现在已不用。后来发现乙二醇有优良的抗冻性，于是将乙二醇与甲醇混合使用。近年来乙二醇的工业制法取得较大进展，可用石油副产品乙烯氧化再水解大量生产，成本低廉。于是便停止使用甲醇，只用水与乙二醇混合便可。乙二醇是一种有甜味的液体，沸点较高，冰点为 –13℃，但若将其与水 1∶1 混合时，冰点降至 –36℃。因此选用乙二醇，其用量参考常见涂料配方，在 1%～10% 之间[46]。

其他助剂如防腐剂、抗发泡剂等，用量控制在 0.05%～0.1%。墨水应无刺激性气味，不含对人体健康有害的成分。实验中由于追求墨水笔的快干性，采用丙酮和乙醇的水溶液作为溶剂，墨水有一定的刺激气味，可以向其中加入0.02%芳香剂以改善气味。

6.3.6　墨水的性能测试与表征

可擦墨水的稳定性、可擦性是两个最重要的性能指标，是隐色染料的物理化学性质的外在表现，对于墨水的使用有很大的影响。性能测试是结合板面、笔芯以及使用过程等，评估可擦墨水使用性能的感官判断和对墨水的综合测试。

6.3.6.1　稳定性测试

用台式离心机对墨水进行强制固液分离，以墨水吸光度的变化来判断墨水的稳定性[47,48]。具体实验步骤如下：

① 取 0.5mL 配制的墨水，将其稀释在 500mL 容量瓶中，稀释剂组成与墨水的溶剂组成相同。

② 取稀释后的墨水注入紫外可见分光光度计的比色皿中，测得吸光度 A_0。

③ 将配制好的墨水注入离心管，置于离心机中，在 5000r/min 的转速下离心 20min。取离心管上部墨水 0.5mL，稀释在 500mL 容量瓶中，稀释剂组成与

墨水中溶剂的组成相同，按照步骤②测得吸光度 A_1。

④ 计算：$a=A_0/A_1$，a 值越大则表明墨水在离心分离前后色差越大，则墨水的稳定性越差。

该实验 CK-7 的 $a=0.7103/0.6866=1.03$，稳定性良好；

CK-16 的 $a=0.7215/0.6658=1.08$，稳定性良好。

6.3.6.2　墨水可擦性、快干性测试

将墨水均匀地涂覆在白板上，待墨水完全干后，用板擦以中等力度擦拭墨水字迹，以 4～5 次能擦尽为标准，小于 4 次为可擦性好，大于 5 次为可擦性差。

将墨水涂在白瓷板上时 CK-7、CK-16 均可用洗衣粉水擦除，且耐擦次数均在 4 次以下，可擦性好。当将墨水涂在普通白板上时，墨水用洗衣粉水耐擦次数在 5 次以上，难擦除，用 0.2mol/L 的 NaOH 溶液擦除效果好。

将墨水均匀地涂覆在白板上，观察墨水挥发完毕所用时间，用秒表计时。以 3～4s 为标准，小于 3s 为快干性好，大于 4s 为快干性差。实验所用两种染料干燥时间均小于 3s，快干性好。

实验过程中曾加入一定量的 CVL-S 和红色隐色体来提高墨水的色度，但是二者不仅没有提高色度，反而使墨水颜色变浅。

6.3.7　可擦笔实验

图 6.3 为可擦笔的研制流程，经此流程装配的可擦笔用于下一步的实验。可擦笔实验包括笔芯装墨水量、画线长度、使用舒适度等指标，是检验墨水书写性能的重要步骤。

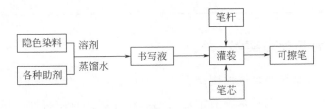

图 6.3　可擦笔的研制流程

6.3.7.1　笔芯装墨水量

将笔芯称重，用注射器注入墨水，同时记录注入墨水的体积，然后将装好墨水的笔芯再次称重，两次重量之差即为装入墨水的质量。计算每支笔所吸墨水的体积及质量，每种颜色墨水装笔 3 支，计算平均值如表 6.7 所示。

表 6.7　笔芯装墨水量

指标	蓝色书写液			红色书写液		
	1	2	3	1	2	3
笔芯质量/g	3.16	4.05	4.08	4.14	4.11	3.20
吸水后质量/g	16.0	16.51	16.59	17.19	16.98	16.81
墨水质量/g	12.84	12.45	12.52	13.05	12.86	13.60
平均质量/g	12.88					
墨水体积/mL	12.65	12.42	12.75	12.65	12.65	12.65
平均体积/mL	12.63					

6.3.7.2　画线长度

分别将蓝、红两色墨水的笔称重，并用其在 61cm×41cm 黄色亚光板上画线 60m/100 行，再次称量笔的质量，由此计算出每克书写液的画线长度，每种颜色做 3 次，计算平均值，所得结果见表 6.8。

表 6.8　画线长度实验表

指标	蓝色书写液			红色书写液		
	1	2	3	1	2	3
画线前质量/g	33.12	34.04	33.00	33.92	34.15	33.69
画线后质量/g	32.31	33.46	32.31	33.23	33.23	32.89
消耗墨水量/g	0.81	0.58	0.69	0.69	0.92	0.80
平均质量/g	0.69			0.80		
划线长度/(m/g)	86.95			75.80		

6.3.8　擦剂的配方实验

配方中所用原料的挑选原则是无色、无毒、无味，绿色环保，对人体无害，对环境无污染。十二烷基苯磺酸钠是黄色油状体，具有微毒性，已被国际安全组织认定为安全化工原料，可在水果和餐具清洗中使用。十二烷基苯磺酸钠在家用洗涤剂中用量很大。这种合成表面活性剂是 pH 中性的，不易氧化，起泡力强，去污力高，易与各种助剂复配，合成工艺成熟，应用领域广泛，是非常出色的阴离子表面活性剂。其生产成本低、性能好，因而用途广泛。

为了去除酸性污垢，在擦剂配方中加入三聚磷酸钠。这种化合物的碱性缓冲作用使擦剂溶液保持在弱碱性范围内，pH 值约为 9.4 左右，促进擦拭时隐色染料脱色。同时三聚磷酸钠也具有干燥的作用，能吸水形成六水合物，可以使擦剂保持干燥不结块的颗粒状态，便于实际使用。经正交实验分析擦剂的成分及最佳的组合是十二烷基苯磺酸钠 35%，三聚磷酸钠 25%，无水硅酸钠 20%，硫酸钠 15%，羧甲基纤维素 5%。

6.3.9　小结

目前可擦墨水大多采用物理擦拭的方法，即在墨水成分中加入成膜剂使墨水在书写后成膜，从而具有可擦性。实验利用隐色染料的酸碱可逆反应，采用较少涉及的化学擦拭方法进行墨水的制备。通过实验制备出红、蓝两种颜色的性质稳定的白板笔，具有可擦性良好，书写流畅，不易污板的特点。并通过查阅文献和相关实验，得出以下结论：

① 隐色染料与弱酸作用会发生明显的显色反应，酸性越强显色越明显，且水杨酸、酒石酸显色强于双酚 A。但是其显色反应不能表明其着色效果的好坏，显色效果与着色的效果两者之间没有明显的联系。双酚 A 虽然与染料的显色效果差，但是其在白板上的着色效果远远强于另外两种弱酸。因此，双酚 A 被作为墨水制造中酸的供体。

② 隐色染料中丙酮的溶解效果强于乙醇，所以对于要同时加入乙醇和丙酮的染料，先加入丙酮能加大染料的溶解度。但是由于丙酮的气味刺激、成本高，使其应用受到了限制。

③ 经过实验确定了两种颜色的白板笔墨水的成分。蓝色墨水配方：染料 CK-7 2.6g/L，双酚 A 32g/L，溶剂乙醇-丙酮-水体积比为 1∶1∶1，Tween-80 5 滴/L。红色墨水配方：染料 CK-16 2.0g/L，双酚 A 20g/L，溶剂乙醇-丙酮-水体积比为 1∶1∶1.2，Tween-80 4～5 滴/L。

参考文献

[1] 袁建新，杨晔. 解读白板笔墨水. 中国制笔，2007(4): 10-13.

[2] 张俊，李忠平，董川，等. 一种防洒笔插式墨水瓶. CN200420016636.7, 2004.

[3] Throckmorton G J. Erasable ink: its ease of erasability and its permanence. J Forensic Sci, 1985, 30(2): 526-531.

[4] Jacques A. Tappolet, Use of lycode powders for the examination of documents partially written with erasable ball point pen inks. Forensic Sci Int, 1985, 28(2): 115-120.

[5] 陈毅飞，肖萌萌，皮丕辉，等. 新型白板笔墨水的研制及性能优化. 应用化工，2008,

37(4): 456-458.

[6] 徐金传. 可擦性无尘白板书写剂改性研究. 四川化工, 1996(2): 11-12.

[7] 何煜, 张家聪. 可擦性彩色墨水的研制. 四川日化, 1989(2): 35-38.

[8] 张恽文, 王宏群. 可擦性黑板用白、兰墨水的研制. 化学工程师, 1994(6): 12-13.

[9] 张海平, 陈均志. 可擦墨水的研制. 应用化工, 2004, 33(2): 61-63.

[10] 庞涛. 多用型彩色可擦笔水. CN1062361, 1992.

[11] 陈登龙, 郑昌辉. 可擦性无尘笔用水性白墨水. 文体用品与科技, 2003(4): 10-11.

[12] 杨久生. 可擦性水溶剂型墨水及制备方法. CN87100224, 1988.

[13] Nakamura K, Kagami M. Water-based erasable ink composition for marking pen. JP2001-064521, 2002.

[14] 巴宁 J H. 可擦墨水组合物和含有该墨水组合物的标记工具. CN1175273, 1998.

[15] Yamaguchi N, Kakimoto, C. Water-erasable ink composition. JP2007-016095, 2007.

[16] 范远华. 无尘可擦板书液. CN1446866, 2003.

[17] Loftin, Rachel M. Erasable ink. US005338793A, 1994.

[18] Welch J. Erasable ink; something old, something new. Sci Justice, 2008, 48(4): 187-191.

[19] 霍镜蓉. 白板笔墨水的研制, 中国制笔, 1993(2): 13-15.

[20] 温建辉. 水擦白板笔墨水的化学原理, 中国制笔, 2007(4): 7-9.

[21] 詹忆源, 张杏金. 白板笔墨水及其制造方法. CN1974692A, 2007.

[22] 张俊, 卫艳丽, 郝丽玲, 董川. 一种可干擦的白板笔墨水. CN101117469A, 2008.

[23] 张起贵, 王建海, 宋哲, 刁宏亮, 张瑞东, 刘守军, 郝培志. 一种白板笔使用的染料型醇水墨水及其制备方法. CN101182395A, 2008.

[24] 袁建新. 一种醇溶性白板笔墨水. CN101550299A, 2009.

[25] 张志刚. 水性白板笔墨水. CN1884403A, 2006.

[26] 范远华. 水解板书墨水组成物. CN1448448A, 2003.

[27] 林劲冬. 光催化氧化还原降解消色板书墨水及其降解促进剂. CN1594463A, 2005.

[28] 李玉娟, 黄小喜, 周炜. 一种可涂擦墨水及其制造方法. CN101457054A, 2009.

[29] 方为. 一种可干擦和湿擦的水性白板笔墨水及其擦试剂. CN101845251A, 2010.

[30] 董川, 温建辉, 张俊. 笔墨材料化学, 北京: 科学出版社, 2005.

[31] 董川, 温建辉, 双少敏, 张国梅. 墨水化学原理及应用, 北京: 科学出版社, 2007: 328.

[32] 袁建新, 杨晖. 试析白板笔墨水的间歇书写脱帽保湿. 中国制笔, 2007(3): 32-33.

[33] 董川, 冀成武. 新型环保无尘教具的研究. 化工科技市场, 1999(7): 29.

[34] 董川. 开发新型板书笔保护师生健康. 中国现代教育装备, 2003, 2(4): 42-43.

[35] 任志刚, 林培华, 董川. 国内教师职业性呼吸系统疾患现状分析. 山西预防医学, 2001, 10(2): 122-123.

[36] 范远华, 水擦板书墨水组成物. CN03114634.1, 2005.

[37] 霍镜蓉. 白板笔墨水的研制. 中国制笔, 1993(2): 11.

[38] 吴小琴. 墨水的研究与发展概况. 江西化工, 2004(1): 51-53.

[39] 武永平, 薛科, 董川, 等. 可擦墨水的研究进展. 中国制笔, 2010(3): 7-14.

[40] 吴宝龙, 吴赞敏, 冯文昭. 有机热敏变色材料及应用. 染整技术杂志, 2008, 30(9): 15-17.

[41] 可以脱色的墨水. 技术与市场, 2003(9): 27.

[42] 朱洪法. 精细化工产品配方与制造. 第 1 版. 北京: 金盾出版社, 1999.

[43] Ordway H. Characteristics of erasable ball point pens. Forensic Sci Int-gen, 1984, 26(4): 269-275.

[44] 武汉大学. 分析化学. 第四版. 北京: 高等教育出版社, 2002: 329-330.

[45] 张俊, 李忠平, 董川. 表面活性剂在墨水制造中的应用. 日用化学工业, 2004, 34(6): 1001-1803.

[46] 耿耀宗, 赵风清. 现代水性涂料配方与工艺学. 第 1 版. 北京: 化学工业出版社, 2004.

[47] 刁宏亮, 刘守军. 中性墨水稳定性及其快速评价方法的研究. 应用技术, 2006(12): 49-51.

[48] 张建华, 王心琴. 中性笔极其字迹的耐久性. 档案与建设, 2003(2): 42-43.

第 7 章　隐色染料油墨

7.1　环保油墨

印刷业是发达国家除汽车、石油外的第三大支柱产业，油墨是印刷业中必不可少的原料。目前美国、日本、德国等国家环保油墨产量占据市场的 80%，其产品质量和生产技术代表了世界最高水平。中国为世界第四大油墨生产国，油墨产量约占世界总产量的 6%，可基本满足国内需求，但与世界先进水平相比还存在差距[1]。

油墨主要由颜料、连接料、填料和附加料等部分组成。传统的溶剂型油墨连接料为有机溶剂，易燃易挥发，在生产、制造、印刷过程中都存在危险。溶剂型油墨一般使用甲苯、二甲苯等芳香烃溶剂，其毒性对于生产人员的健康极为不利。为此，卫生监督部门对作业现场空气中的 VOC 的浓度制定了严格的规定[2]。

环保油墨克服了传统油墨的种种弊端，其研发生产成为印刷业的热点。环保油墨在制造阶段采用对人体几乎没有危害的原材料，在生产和印刷过程中几乎不产生污染，对人类生产和生活环境几乎不构成任何危害。另外环保油墨还有利于包装废弃物的回收与处理[3]。

环保油墨在国外已有近三十年的研发历史。有关环保油墨的研究成果以专利居多，美国、日本、德国在这方面的专利较多。目前最环保的油墨价格昂贵，主要在美国市场销售，但是其仍然无法完全避免 VOC 排放，在自然界中难以分解[4]。围绕环保油墨的各方面研究始终是热点。Wingard 等[5]在聚苯乙烯材料上交联共价键合的黑色染料基团，这种水溶性聚合染料用于印刷油墨，克服了使用碳墨时必须用溶剂的缺点。日本的 Kamimura 等[6]使用聚合度为 20 的高分子色料，得到的水基喷射印刷油墨表面张力仅有 4.55×10^{-2}N/m。

中国环保油墨起步较晚，一定程度上依赖国外技术。近年来已出现了从传统的溶剂型油墨向水性油墨、大豆油墨、紫外光固化油墨等环保油墨快速发展的趋势，而且环保的水性柔版油墨正在迅速增长逐步取代凹版油墨。

目前隐色染料主要应用在压/热敏材料中，在印品保存和色彩耐久性要求不高的条件下使用。由于具有可逆变色的特性，隐色染料显色态的色彩保持能力并不强，在印染、着色方面的应用受到限制。但是，这种性质可以使隐色染料在一些临时性书写的情况下有使用价值，例如教育领域的教学书写、儿童学具等。

另外，废纸脱墨一直是环境保护的难题。当前使用的碱法脱墨工艺复杂，污染严重。原因是纸品油墨色料及溶剂的使用均围绕提高耐久性展开。实际上对于部分不需要长久保存的印品，油墨色料的使用应区别对待。例如报纸新闻纸、学生作业本等，在墨迹保存不太长时间后，印品内容已经没有保留价值。在这些情况下，印品油墨色料或书写墨水着色剂若能使用可逆脱色的材料将是一种经济环保的办法，对此方面的研究将会有显著的经济社会效益。

目前全世界有超过 60% 的纸张用于印刷纸。尽管纸张回收技术已经有较快的发展，但在废纸脱墨过程中会产生较多碳排放和其他废物，给环境保护造成较大压力。纸张变成垃圾，是因为在其表面印刷或书写有一些无用的字迹和图像。如果这些字迹和图像是可擦的，这些垃圾纸张将成为宝贵的资源，所以关键是形成图像的材料。

为了实现可擦墨水的概念，许多可擦写墨水技术已经得到开发，并已形成一些可擦墨水的专利，有了部分的推广使用[7-10]。如果能将可脱色技术应用到印刷油墨中，实现废纸脱墨环节的环境友好化，其效益必将十分巨大[11]。

应环保法规的要求，目前印刷业提倡使用"绿色油墨"。绿色油墨是指采用对人体没有危害的原材料用于油墨的制造，在油墨的生产和印刷过程中不发生污染，对人类生产和生活的环境不构成任何危害的油墨品种[12]。在着色剂方面，用于绿色油墨的色料也应该是符合环保法规要求的。目前，适用于绿色油墨的环保色料是色料及油墨生产研究开发的热点。

7.1.1 水性油墨

油墨分为溶剂型油墨和水性油墨，二者不同之处在于使用的溶剂是水或有机溶剂。水性油墨的挥发性有机化合物的排放量显著减少，具有防止空气污染的特点，是世界公认的环保型印刷材料。水性油墨近几年有了迅猛发展，由于其在保护环境方面的巨大潜力，被认为是一种最有前途的印刷油墨[13]。美国约80%的凹版印刷品使用的油墨是水性的，95% 的柔版印刷和超过 40% 塑料薄膜印刷使用水性油墨。水性油墨在其他国家的塑料薄膜印刷中越来越多地使用，如英国禁止使用溶剂型油墨印刷食品包装袋。

然而不论是进口的还是国产的水性油墨，都有许多共同的缺陷，如不耐乙醇、不耐碱、不耐水、干燥慢、光泽度差、很容易造成纸张收缩等。而且部分水性油墨由于所用色素系机械混入，色素用量大且牢度差，印刷效果不佳。包装材料是环保水性油墨使用最主要的领域，水性油墨大量地使用在食品包装、烟草包装、儿童玩具包装等方面。很多情况下都严格要求使用环保产品，以防对个人和环境产生危害[14]。

7.1.2　光化学诱导水解褪色油墨

光化学诱导水解褪色油墨是以光化学诱导水解褪色材料代替现行油墨色料，利用微胶囊和树脂交联等技术，通过对油墨助剂的筛选，研制的性能优良的水溶性光化学诱导水解褪色环保油墨[15]。光化学诱导水解褪色油墨的特点是：①色料无毒、无味、不燃不爆；②溶剂为水，避免了有机溶剂在生产、印刷环节的污染和在印刷品表面的残留毒性；③废纸脱墨及漂白条件温和简便，利于生产和环境保护，节省了大量废水处理资金。光敏水解褪色油墨的研制流程如图 7.1 所示：

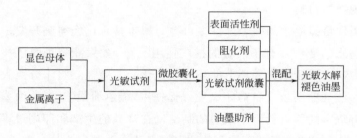

图 7.1　光化学诱导水解褪色油墨的研制流程

光化学诱导水解褪色材料不仅可用于教学领域，还可用于印刷领域[16]。目前该材料在印刷油墨中的研究已取得一定进展。其在印刷领域的应用，可使废纸简单再生，反复使用，对保护生态、推动行业技术进步有重要意义[17]。另外，光化学诱导水解褪色材料还可用于商业包装的防伪中，利用其在光照下喷水后可发生变色效果，可以从无色变有色，也可从有色变无色，轻松实现防伪。其用于包装防伪中还能解决废纸脱墨的难题，从而实现绿色可持续发展[18]。

7.1.3　可逆变色油墨

在油墨中如果使用可逆变色色料，可制得可逆变色油墨。有机化合物产生可逆变色是由于随着温度或酸度改变，分子结构发生变化，即电子在电子给予体与电子接受体之间发生了移动；分子受热开环或产生自由基等，引起颜色的变化。有机可逆变色材料主要有荧烷类、三芳甲烷类、螺吡喃类等，由于介质的酸碱变化而引起分子结构变化，发生颜色变化[19]。

20 世纪 50 年代末期，一些热敏材料被发现，结合油墨技术，形成新型的热敏性油墨，在包装印刷领域中得到广泛的应用。某些热致色变油墨的颜色变化是永久的、不可逆的，而有些则是暂时的、可逆的[20,21]。

可逆变色油墨是变色材料中的重要部分，适用于书写、印刷、文具、包装等行业和教学领域。目前可逆变色油墨已有许多品种，有的品种具有变色 pH 接近中性、寿命长且灵敏度高、显色褪色快、稳定性好的优点；但是也有种类少、价格高、产量小等缺点。而且国内高档可逆变色油墨尚未开发，无法满足高要求的可逆变色油墨的需要[22,23]。

本节将隐色染料与弱碱褪色反应用于油墨制成可褪色水性油墨。利用隐色染料可在温和的条件下通过简单的化学条件脱色的特点，制备可在常温常压下化学降解的可逆变色水性油墨，解决废纸脱墨问题。实验制备的可逆变色油墨，成本低，能得到多种颜色，满足一些对可逆变色油墨的特殊要求。可逆变色油墨能方便地消除纸上的墨迹，简化传统的废纸循环工艺和漂白工艺，可大大降低纸张回收利用的成本。对解决废纸脱墨需耗费大量人力、财力、物力却不能根除污染的问题进行了有益的探索。

7.2 色料的选择

7.2.1 隐色染料的吸收系数

水性油墨中使用的色料是耐碱性强的颜料或染料，为了在水中有好的分散性，需要经过研磨。与有机溶剂型油墨相比，水性油墨的色料要求密度小、稳定性高、色泽艳丽纯正、色彩饱和度高，并且与连接料有较好的亲和性，分散性和润湿性好；色料在油墨成品中不能发生凝聚、沉淀，并具有良好的流动性。该实验的可逆变色油墨要求能够在常温温和条件下褪色。

分别称取一定质量的 CK-16、CVL-S、ODB-2、CK-37 隐色染料，颜色分别为红、蓝、黑、黄色。溶解后加入显色剂双酚 A 分别显色，然后定容到 100mL 的容量瓶，配制成一系列浓度的有色溶液。用紫外-可见分光光度计分别扫描溶液吸收光谱，测定溶液吸光度。将溶液的浓度及测得的吸光度根据朗伯-比耳定律计算吸收系数，所得结果见表 7.1。

表 7.1　隐色染料 CK-16、CVL-S、ODB-2、CK-37 吸收光谱参数

编号	红CK-16		蓝CVL-S		黑ODB-2		黄CK-37	
	$c/(g/L)$	A	$c/(g/L)$	A	$c/(g/L)$	A	$c/(g/L)$	A
1	0.013	0.259	0.004	0.116	0.011	0.250	0.008	0.135
2	0.015	0.302	0.005	0.148	0.013	0.297	0.011	0.165
3	0.017	0.355	0.006	0.180	0.015	0.346	0.013	0.196
4	0.019	0.397	0.008	0.238	0.017	0.387	0.015	0.225
5	0.022	0.443	0.011	0.299	0.019	0.444	0.017	0.259
6	0.027	0.546	0.013	0.358	0.022	0.484	0.019	0.290
7	0.033	0.643	0.015	0.419	0.027	0.613	0.022	0.315
8	0.038	0.762	0.017	0.477	0.033	0.728	0.026	0.386
9	0.044	0.871	0.019	0.525	0.038	0.859	0.030	0.436
10	0.049	0.975	0.022	0.581	0.044	0.980	0.033	0.479
λ_{max}/nm	536		602		587		436	
$\varepsilon/[L/(g \cdot cm)]$	19.839		26.966		22.322		14.703	

实际测定中发现，隐色染料 ODB-2 显色后在可见光区有两个吸收峰，其最大吸收波长 λ_{max} 分别为 461nm 和 587nm，黑色的产生是由于其在可见光区的两个吸收峰叠加。染料 CK-16 的红色偏紫，而染料 CVL-S 的蓝色偏绿，这可以从其最大吸收波长得到反映。

由表 7.1 可见，隐色染料的吸收系数值不高，可能的原因是所选染料纯度不高，商品级的染料里面可能含有部分杂质、添加剂等，所以得到的测量值比实际值偏低。对于实际使用的显色效果而言，其仍在能接受的范围内。故实验使用这四种颜色的隐色染料作为制备水性可褪色油墨的着色剂。

7.2.2　水性油墨的细度性能测定及应用

细度也称研磨细度，颜料在使用介质中的分散性能由油墨色浆颜料粒子的细度反映。如果颜料分散得好，则其平均粒径小、比表面积大、对光线的反射作用就强，着色印品的外观就会显得均匀、色差小、色斑少、光泽好。

将隐色染料 ODB-2 分别进行 6h 和 12h 的分散，分散前后的染料的 SEM 如图 7.2 所示，从照片中可以看到，隐色染料 ODB-2 的颗粒大小以及分散性随着

研磨分散时间的增加发生了明显的变化：研磨分散的时间越长，隐色染料颗粒的均一性越好，粒径的分布越均匀。

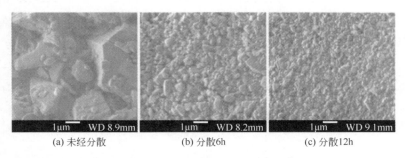

(a) 未经分散　　　　　　(b) 分散6h　　　　　　(c) 分散12h

图 7.2　分散前后的 ODB-2 分散体系 SEM 图（放大 5000 倍）[24]

油墨或墨水中使用的颜料的色度与粒子尺寸关系密切，其随着粒子尺寸的增加而降低，粒径越大颜色越浅。然而并非平均粒径越小越好，因为过小的粒径将会影响其颜色、耐水性等其他性能。同时，颜料分散相浑浊度有一个最大值，粒径大约为光波长的一半（0.2～0.4μm）。颜料的色度和浑浊度与粒子尺寸的关系如图 7.3 所示。

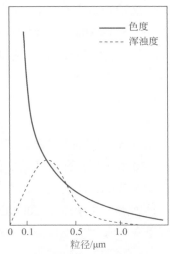

图 7.3　颜料的色度和浑浊度与粒子尺寸的关系[25]

油墨色浆中颜料粒子的细度直接影响着颜料在油墨中的分散性能，细度越小的粒子越容易在应用介质中分散。实验用多种色彩的隐色染料为着色剂，按照一定配方制备了水性油墨，并测定了油墨的细度。不同颜色的产品均符合印刷颜料的标准，可以满足应用于印刷油墨的要求。细度测定结果见表 7.2。

表 7.2　颜料（油墨）粒度表

染料	粒度1/μm	粒度2/μm	粒度3/μm	平均粒度/μm
ODB-2	104	106	108	106
CVL-S	78	74	72	75
CK-16	42	40	40	41
CK-37	88	96	96	93

7.3　水性油墨的制备及性能测试

7.3.1　底料的制备[26-28]

实验以丙烯酸酯、丙烯酸、甲基丙烯酸酯等为基料，在过硫酸铵的存在下，以醇和水作为溶剂进行聚合反应，合成了新型水溶性丙烯酸改性树脂。底料的制备方法：将混合均匀的基本单体 α-甲基丙烯酸、丙烯酸、甲基丙烯酸甲酯、丙烯酸丁酯各取 1/4 量加入到 500mL 三颈瓶中，然后加入异丙醇和水，加热搅拌回流（约 75℃）。

加入引发剂后，同时开始滴加剩余 3/4 量的乙酸乙烯酯和单体。滴加时间约 1.5h，待全部单体滴加完毕，约在 80℃下保温 5h 左右（此过程中加入少量阻聚剂）。然后降温至 60℃，用氨水中和至 pH 值为 7～8.5，继续搅拌 1h，冷却至室温后倒出。

7.3.2　油墨的制备

将制备的树脂加入到 250mL 1：4 的醇-水混合溶液，均匀搅拌后，移入具有搅拌、剪切、乳化功能的 JFS-400 搅拌砂磨多功能机容器内，再加入隐色染料 60g，分散剂 8.5mL，消泡剂 7.5mL 及其他添加剂，经过高速搅拌、剪切、乳化、分散等过程后，再经过砂磨，继续添加 500mL 醇-水混合液，持续搅拌 1h，产品经过抽滤，得到可逆变色水性油墨成品。水性油墨的制备基本流程如图 7.4 所示。

pH 值对于水性油墨的黏度、色相、光泽度都有很大影响。水性油墨的 pH 值过低，会直接影响到油墨活性和树脂溶解度，致使油墨黏度过高，可能会引发干版、掉点等问题。为保证色料的变色性能，实验制备的油墨保持在中性偏碱性，pH 值约为 7～8.5，略低于普通水性油墨。经试验其稳定性，在 60d 之内能正常使用，能满足一些短期快速油墨使用条件的要求。

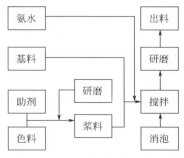

图 7.4　水性油墨的制备流程图

7.3.3　水性油墨的褪色性能测试

制备得到多种色彩水性油墨后，将制得的成品油墨采用凹版印刷技术，用于柔版印刷设备，得到纸质印制品。将十二烷基苯磺酸钠（SDBS）与氢氧化钠以 10∶0.5 的质量比配制成脱色剂，然后将印品浸入褪色剂中，目视观察制备的隐色染料水性油墨的褪色性能，所得结果见表 7.3。由表可见，隐色染料在水性油墨中仍具有良好的褪色性能。蓝色染料做成的油墨比其他染料实验褪色快，可能是因为所用蓝色印品沾墨较少，也可能与油墨连接料的保护作用有关，同时 CVL-S 本身也是一种灵敏的而广泛使用的变色材料。该实验成品的脱墨时间远小于目前的油墨脱墨工艺的时间。

表 7.3　隐色染料水性油墨脱色性能

油墨颜色	褪色速度	完全褪色时间/min
红	较快	15
黄	较慢	15
蓝	快	5
黑	慢	20

7.4　结论

该实验合成的油墨与传统的油墨不同，它属于功能性油墨，在其中起主要作用的是功能性染料。合成油墨由几部分组成：功能性染料（发色体-显色体），树脂部分，溶剂部分，助剂。所采用的隐色体是商品化的和自己合成的，树脂是水溶性丙烯酸改性树脂。根据传统的配方，利用隐色染料的可逆变色反应达到可以温和脱色的目的。

通过隐色染料的褪色性能检测，发现性能较好可以用于水性油墨的隐色染料是 ODB-2、CVL-S、CK-16、CK-37，这几种染料的色泽及在十二烷基苯磺酸钠溶液中的褪色性能均优良，能够满足制备可褪色水性油墨的性能要求；染料应用性能的检测证明这几种染料性能接近标样，可以作为水性油墨中的色料。将几种染料应用于制备水性油墨后，油墨的印刷性能尚可，在常温常压十二烷基苯磺酸钠存在时均可很快褪色。

参考文献

[1] 周震, 凌云星, 赵诗华. 油墨研发新技术. 北京: 化学工业出版社, 2006.

[2] 杜维兴. 21 世纪柔印发展展望. 印刷技术, 2001(8): 126-127.

[3] 齐成. 环保印刷话油墨. 印刷质量与标准化, 2004(11): 38-40.

[4] 王少君, 崔励, 焦利勇, 等. 印刷油墨生产技术. 北京: 化学工业出版社, 2004: 21-29.

[5] Wingard R E, et al. Water-soluble fast polymeric black colorant, its preparation and use in dyes and inks. US4375 357, 1983.

[6] Kamimura H, Murakami K, Shimada M, et al. Water-base ink composition. JP63314285, 1988.

[7] Nakamura, K, Kagami, Makiko. Water-based erasable ink composition for marking pen. JP2000309738 A, 2000.

[8] 巴宁 J H. 可擦墨水组合物和含有该墨水组合物的标记工具. CN1175273, 1998.

[9] 张俊, 卫艳丽, 董川, 等. 一种可干擦的白板笔墨水. CN200710139433, 2007.

[10] 董文娟, 李建晴, 董川, 等. 一种无尘板书写液及其擦剂. CN200610048142, 2007.

[11] Yumiko S, Satoshi T, Takeshi G, et al. Importance of Solvent Polarity in the Equilibrium Reaction of Leuco Dye and Developer. Chem Lett, 2006, 35(4): 458-459.

[12] 刘光复. 绿色设计与绿色制造. 北京: 机械工业出版社, 2000.

[13] 周振, 凌云星, 赵诗华. 油墨研发新技术. 北京: 化学工业出版社, 2005.

[14] 向群. 水性油墨的市场拓进及技术进展. 中国包装, 2005(4): 75-77.

[15] 董川, 双少敏, 卫艳丽. 环保色料与应用. 北京: 化学工业出版社, 2009.

[16] 董川, 温建辉, 双少敏, 等. 墨水化学原理及应用. 北京: 科学出版社, 2007.

[17] 董川, 温建辉, 张俊. 笔墨材料化学. 北京: 科学出版社, 2005.

[18] 高南, 华家栋, 俞善庆, 等. 特种涂料. 上海: 上海科学技术出版社, 1984.

[19] 李天文, 刘鸿生. 变色材料的研究与应用. 现代化工, 2004, 24(2): 62-70.

[20] Kamata K, Suefuku S. Thermally Reversibly Discoloring Composition And Thermally Reversibly Discoloring Particle Material. JP01253480, 1989.

[21] Joseph M, Jacobson, V. Michael Bove, et al. Bistable, Thermochromic Recording Method for Rendering Color and Gray Scale: US6022648, 2000.

[22] 张澍声. 可逆热致变色材料. 油墨工业, 2002, 39(6): 16-18.

[23] 于永, 高艳阳. 三芳甲烷苯酞类可逆热致变色材料. 化工技术与开发, 2006, 35(10): 26-29.

[24] 张玮云, 盛巧蓉, 薛敏钊, 等. 热敏记录纸用荧烷类热敏染料涂层分散体系的制备与研究. 涂料工业, 2008, 38(3): 13-16.

[25] Drake J A G. Chemical technology in printing and imaging systems. Great Britain: The Royal Society of Chemistry, 1993: 107.

[26] 郑爱华, 陈义锋, 龚启学, 等. 水性丙烯酸酯的改性研究. 华中师范大学学报, 2000(4): 444-446.

[27] 蔡炎兴, 张振家. 环保水性油墨及其废水处理. 上海化工, 2006, 31(5): 23-26.

[28] 费华, 张莉莎, 周赛春. 丙烯酸类树脂为基料的水性油墨的研究. 华中师范大学学报, 2001, 35(3): 319-321.